YEYA CHUANDONG
RUMEN YU TIGAO

液压传动
入门与提高

宁辰校　主编

化学工业出版社
·北京·

本书在液压基础知识部分，重点介绍了基本理论和基本概念；在液压元件部分，强调对各类元件的组成、类型和基本工作原理的理解和掌握；在基本回路和典型系统部分，则尽可能内容丰富、翔实，并结合生产实际，突出实用性。本书追求基础性、系统性、先进性和实用性的统一，贯彻通俗易懂、少而精、理论联系实际的原则。在全书结构上，内容完整、循序渐进。

本书特别适合液压传动的初学者学习使用，可供从事液压传动及控制技术的工程技术人员及其他相关从业人员参阅，也可作为高等职业教育、成人教育、技术培训的基础教材，同时可作为大、中专院校相关专业的教学参考书。

图书在版编目（CIP）数据

液压传动入门与提高/宁辰校主编. —北京：化学
工业出版社，2020.5（2023.3重印）
ISBN 978-7-122-36394-7

Ⅰ.①液…　Ⅱ.①宁…　Ⅲ.①液压传动　Ⅳ.①TH137

中国版本图书馆 CIP 数据核字（2020）第 039713 号

责任编辑：黄　滢	文字编辑：冯国庆
责任校对：王　静	装帧设计：王晓宇

出版发行：化学工业出版社（北京市东城区青年湖南街 13 号　邮政编码 100011）
印　　装：北京天宇星印刷厂
787mm×1092mm　1/16　印张 12　字数 266 千字　2023 年 3 月北京第 1 版第 3 次印刷

购书咨询：010-64518888　　　　　　　　　售后服务：010-64518899
网　　址：http://www.cip.com.cn
凡购买本书，如有缺损质量问题，本社销售中心负责调换。

定　　价：58.00 元

　　液压传动是自动化和智能制造生产中的先进科学技术之一，在现代科学技术发展中占有非常重要的地位。液压传动广泛应用于机械制造、电子电气、石油化工、汽车、船舶、军工和各类自动化智能装备等行业中，是当代工程技术人员所应掌握的重要基础技术之一。

　　本书共9章，第1、2章是液压传动概述和液压传动基础知识；第3～6章介绍了构成液压系统的各类液压元件；第7章详细介绍了能够实现各种特定功能的液压基本回路；第8章分析了典型液压系统；第9章简要介绍了液压系统的设计方法和步骤。

　　本书在编写过程中，追求基础性、系统性、先进性和实用性的统一，充分贯彻通俗易懂、少而精、理论联系实际的原则，在较全面地阐述液压传动基本内容和基础知识的基础上，力求反映我国液压传动技术的新情况、新进展。在全书结构上，内容完整、循序渐进。在液压基础知识部分，重点介绍基本理论和基本概念；在液压元件部分，强调对各类元件的组成、类型和基本工作原理的理解和掌握；在基本回路和典型系统部分，则尽可能内容丰富、翔实，并结合生产实际，突出实用性。为了强化对元件在回路及系统中功用的理解，在元件部分引入了基本回路的内容。

　　本书适合液压传动的初学者学习使用，可供从事液压传动及控制技术的工程技术人员及其他相关从业人员参阅，也可作为高等职业教育、成人教育、技术培训的基础教材，同时可作为大、中专院校相关专业的教学参考书。

　　本书由宁辰校主编，张戌社参编。宁辰校编写第1～6章，张戌社编写第7～9章。周荣芳、齐习娟等参与了文献资料搜集、文稿录入和部分插图制作等工作。

　　由于笔者水平所限，书中疏漏之处在所难免，恳请广大读者批评指正。

编　者

目录

第7章 液压基本回路 ——————————— 113

第1章 液压传动概述

一部完整的机器一般由原动机、传动机构、控制系统和工作机组成。原动机包括电动机、内燃机等。工作机即完成该机器工作任务的直接工作部分，如磨床的工作台，车床的刀架、卡盘等。由于原动机的功率和转速变化范围有限，为了适应工作机的工作力和工作速度变化范围较宽，以及其他操纵性能的要求，在原动机和工作机之间设置了传动机构，其作用是把原动机输出功率经过变换后传递给工作机。可知，所谓传动就是通过机构或构件把动力从机器的一部分传到另一部分。

传动可分为机械传动、电气传动和流体传动三种形式。流体传动是以流体为工作介质进行能量转换、传递和控制的传动，它包括液压传动、液力传动和气压传动。

液压传动是利用液体的压力能传递动力和运动的传动方式。它以液体为工作介质，通过动力元件（液压泵）将原动机的机械能转换为液体的压力能，再通过控制调节元件（液压阀）控制液体的压力、流量等参数，并借助执行元件（液压缸或液压马达）将受控液体的压力能转换为机械能，进而驱动工作机实现直线或回转运动。

液压传动的研究内容包括液压工作介质的基本物理性质及其力学特性，各种元件的基本结构、工作原理和性能，各种基本回路的构成和性能，以及液压系统的分析和设计等。

1.1 液压传动的工作原理与组成

1.1.1 液压传动的工作原理和特征

液压传动的工作原理，可以用一个液压千斤顶的例子来说明。

图 1-1 中，大液压缸 9 为举升液压缸，大活塞 8 可竖直运动。杠杆手柄 1、小液压缸 2 和小活塞 3、单向阀 4 和 7 组成手动液压泵。如提起手柄使小活塞 3 向上移动，则小活塞 3 下端油腔容积 b 增大，形成局部真空，这时单向阀 4 打开，通过吸油管 5 从油箱 12 中吸油；用力压下手柄，小活塞 3 下移，小液压缸 2 下腔 b 压力升高，单向阀 4 关闭，单向阀 7 打开，下腔的油液经管道 6 输入举升大液压缸 9 的下腔 a，迫使大活塞 8 向上移动，顶起重物。再次提起杠杆手柄 1 吸油时，单向阀 7 自动关闭，使油液不能倒流，从而保证了重物不会自行下落。不断地往复扳动手动液压泵杠杆手柄 1，就能不断地把油液压入大液压缸 9 下腔 a，使重物逐渐地升起。如果打开截止阀 11，大液压缸 9 下腔 a 的油液通过管道 10、截止阀 11 流回油箱，重物就向下移动。

通过对上面液压千斤顶工作过程的分析，可以初步了解到液压传动的基本工作原理和工作特征。液压传动利用有压力的油液作为传递能量和动力的工作介质。压下杠杆时，小液压

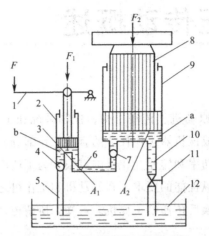

图 1-1　液压千斤顶的工作原理图

1—杠杆手柄；2—小液压缸；3—小活塞；4,7—单向阀；5—吸油管；6,10—管道；8—大活塞；9—大液压缸；
11—截止阀；12—油箱；F, F_1, F_2—作用力；A_1, A_2—活塞截面积；a,b—油腔

缸 2 输出压力油，把机械能转换成油液的压力能，压力油经过管道 6 及单向阀 7，推动大活塞 8 举起重物（重力 F_2），又将油液的压力能转换成机械能。由此可见，液压传动是一个不同能量的转换过程。其工作特征如下。

① 力的传递是由液体的压力实现的，系统工作压力取决于负载。

以 F_2 表示作用在大活塞 8 上的作用力，A_2 表示大活塞 8 的截面积，p_2 表示力 F_2 在 a 腔中产生的液体压力；以 F_1 表示作用在小活塞 3 上的作用力，A_1 表示小活塞 3 的截面积，p_1 表示力 F_1 在 b 腔中产生的液体压力（液压泵的排油压力），则大活塞 8 与小活塞 3 的静力平衡方程分别为

$$\left.\begin{array}{l} F_2 = p_2 A_2 \\ F_1 = p_1 A_1 \end{array}\right\} \tag{1-1}$$

如果不考虑管路的压力损失，则液压泵的排油压力（b 腔中的液体压力）p_1 和 a 腔中的液体压力相等，即

$$p_2 = p_1 = p \tag{1-2}$$

在液压缸活塞受力平衡的状态下，活塞静止或匀速运动，此时系统可以克服的负载为

$$F_2 = p_2 A_2 = p_1 A_1 = p A_2 \tag{1-3}$$

即在系统结构参数（此处为活塞面积 A_1 和 A_2）不变的情况下，系统的工作压力 p 取决于负载，而与流入的液体体积大小无关。这是液压传动的第一个工作特征。

② 运动速度的传递靠容积变化相等原则实现，运动速度取决于流量。

如果不考虑液体的压缩性和泄漏损失等因素，则液压泵排出的液体体积等于进入举升液压缸的液体体积，即容积变化相等，可表示为

$$A_1 x_1 = A_2 x_2 \tag{1-4}$$

式中，x_1 和 x_2 分别为液压泵活塞及举升液压缸活塞的位移。

式(1-4) 两边分别除以运动时间 t，可以得到

$$A_1 \frac{x_1}{t} = A_2 \frac{x_2}{t} \tag{1-5}$$

$$A_1 v_1 = A_2 v_2 \tag{1-6}$$

式中，v_1 和 v_2 分别为液压泵活塞及举升液压缸活塞的平均运动速度，可以看出，活塞的运动速度与活塞的作用面积成反比；$A \frac{x}{t}$ 为单位时间内液体流过截面积 A 的液体体积，称为流量 q，即

$$q = Av \tag{1-7}$$

如果知道进入液压缸的流量 q，则活塞的运动速度为

$$v = \frac{q}{A} \tag{1-8}$$

由上可以得到液压传动的第二个工作特征：在系统结构参数一定的情况下，运动速度的传递是靠工作容积变化相等的原理实现的。活塞的运动速度取决于输入流量的大小，与外负载无关。调节进入液压缸的液体流量 q，可以调节活塞的运动速度 v。

③ 系统的动力传递遵守能量守恒定律，压力与流量的乘积等于功率。

如果忽略任何损失，则系统的输出功率 P_2 等于输入功率 P_1，有

$$P_1 = F_1 v_1 = P_2 = F_2 v_2 \tag{1-9}$$

由式(1-1) 和式(1-8)，可以得到

$$P = P_1 = F_1 v_1 = pA_1 \frac{q_1}{A_1} = P_2 = F_2 v_2 = pA_2 \frac{q_2}{A_2} = pq \tag{1-10}$$

从式(1-10) 可以得到液压传动的第三个工作特征：液压传动以液体的压力能传递动力，并且遵循能量守恒定律，压力与流量的乘积等于功率。

由上可以得到以下结论。

① 液压传动中的工作介质在受调节和控制的情况下工作，液体可以传递动力、速度和能量，即起"传动"作用，也可以传递控制信号来改变操纵对象的工作状态，即起到"控制"作用，两者很难分开。

② 与外负载相对应的液体参数为压力，与运动速度对应的液体参数为流量，压力和流量是液压传动中两个最基本的参数。

③ 如果忽略各种损失，则液体可传递的力与速度彼此无关，所以液压传动可实现与负载无关的各种运动，也可借助控制系统实现与负载相关的各种运动。

④ 液压传动遵循能量守恒定律，因而可以省力，但不能省功。

1.1.2 液压传动系统的组成

液压千斤顶是一种简单的液压传动装置。下面通过机床工作台液压传动系统来说明

液压传动系统的组成。如图 1-2 所示，它由油箱 19、过滤器 18、液压泵 17、溢流阀 13、换向阀 5 和 10、节流阀 7、液压缸 2 以及连接这些元件的输油管道、接头组成。其工作原理如下：液压泵 17 由电动机驱动后，从油箱 19 经过滤器 18 吸取液压油。油液从泵出口进入管路，在图 1-2(a) 所示状态下，通过换向阀 10、节流阀 7 和换向阀 5 进入液压缸 2 左腔，推动活塞 3 使工作台 1 向右移动。这时，液压缸右腔的油经换向阀 5 和回油管 6 排回油箱。

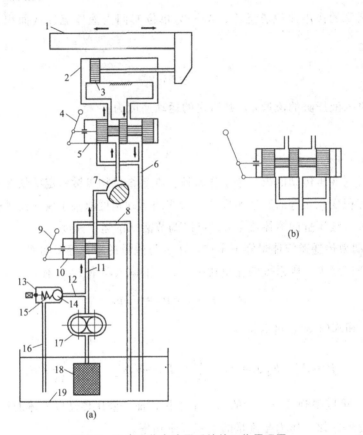

图 1-2　机床工作台液压系统的工作原理图

1—工作台；2—液压缸；3—活塞；4,9—换向手柄；5,10—换向阀；6,8,11,12,16—管路；7—节流阀；13—溢流阀；14—钢球芯阀；15—弹簧；17—液压泵；18—过滤器；19—油箱

　　如果将换向阀 5 的换向手柄 4 转换成图 1-2(b) 所示状态，则压力管中的油将经过换向阀 10、节流阀 7 和换向阀 5 进入液压缸 2 右腔、推动活塞 3 使工作台 1 向左移动，并使液压缸 2 左腔的油经换向阀 5 和回油管 6 排回油箱。当扳动换向阀 10 的换向手柄 9，使其阀芯处于左端工作位置时，则油液流经换向阀 10 和回油管 8 直接排回油箱 19，不再向液压缸供油，此时可扳动换向手柄 4，使换向阀 5 的阀芯处于中间工作位置，则工作台 1 停止运动。

　　工作台 1 的移动速度是通过节流阀 7 来调节的。当节流阀开大时，进入液压缸的油量增多，工作台的移动速度增大；当节流阀 7 关小时，进入液压缸的油量减少，工作台的移动速度减小。为了克服移动工作台时所受到的各种阻力，液压缸必须产生一个足够大的推力，这个推力是由液压缸中的油液压力所产生的。要克服的阻力越大，缸中的油液压力越高；反之压力就越低。这种现象正说明了液压传动的一个基本原理——液压缸的工作压力取决于负载。

液压泵 17 的最大工作压力由溢流阀 13 调定，当油液对溢流阀 13 中钢球阀芯 14 的作用力略大于弹簧 15 对钢球阀芯的作用力时，阀芯移动使阀口打开，油液经溢流阀流回油箱 19，泵出口的压力不再升高。溢流阀的调定值由弹簧调定，应为液压缸的最大工作压力和油液流经各元件（阀和管路等）的压力损失之和，因此液压缸的工作压力不会超过溢流阀的调定压力值。另外，溢流阀还可对系统起到过载保护作用。

如果把图 1-2 中的液压缸 2 竖直安装使活塞升降运动，则可用于起重设备（活塞杆向上）或冲压、锻压设备（活塞杆向下）。如果把液压缸换为液压马达，则可输出回转运动。

由此可见，一个完整的、能够正常工作的液压系统，除了传递能量的工作介质外，一般还由四个主要部分来组成。

（1）能源元件

将原动机（电动机或内燃机）输出的机械能转换为液体的压力能，供给系统具有一定压力的油液。液压系统的能源元件是各种类型的液压泵。

（2）执行元件

把液体的压力能转换成机械能，以驱动工作机械的负载做功。形式有做直线运动的液压缸、做回转运动的液压马达和做摆动的摆动液压马达。

（3）控制调节元件

对系统中的液体压力、流量或流动方向进行控制或调节，从而控制执行元件输出的力（转矩）、速度（转速）和方向，以满足工作机构的动作要求，如各种压力、流量、方向控制阀。

（4）辅助元件

上述三部分之外的其他元件。例如油箱、过滤器、管件、热交换器、蓄能器、指示仪表等，它们对保证系统正常工作是必不可少的。

1.1.3　液压传动系统原理图和图形符号

图 1-1 和图 1-2 所示的液压传动系统是一种半结构式的工作原理图，直观性强、容易理解，当液压系统发生故障时，根据原理图检查十分方便，但图形比较复杂，绘制麻烦。因此，工程上普遍采用的是由元件的标准图形符号绘制的液压系统原理图。图形符号只表示液压元件的职能、连接系统的通路，不表示元件的具体结构和参数，也不表示元件在机器中的实际安装位置。图形符号简单明了、绘制方便，并且便于利用图形库软件进行计算机画图，可大大提高液压系统原理图的设计、绘制效率和质量。

我国制定有液压图形符号标准，规定了液压元件标准图形符号和绘制方法。目前执行的标准是《液压气动图形符号》（GB/T 786.1—2009）。图 1-3 为按标准绘制的图 1-2 中机床工作台液压系统原理图。

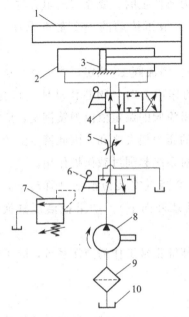

图 1-3　用图形符号绘制的机床工作台液压系统原理图

1—工作台；2—液压；3—油塞；4,6—换向阀；5—节流阀；7—溢流阀；8—液压泵；9—滤油器；10—油箱

采用图形符号绘制液压原理图时，要注意以下几点。

① 符号均以元件的静态位置或零位（如电磁换向阀断电时的工作位置）表示，当组成系统其运动另有说明时，可以例外。

② 元件符号的方向可按具体情况水平、竖直或反转 180°绘制，但液压油箱和仪表等必须水平绘制且开口向上。

③ 元件的名称、型号和参数（如压力、流量、功率、管径等），一般在系统原理图的元件明细表中标明，必要时可标注在元件符号旁边。

④ 元件符号的大小在保持符号本身比例的情况下，可根据图纸幅面适当增大或缩小绘制，以清晰美观为原则。

1.2　液压传动的特点、应用和发展概况

1.2.1　液压传动的特点

(1) 液压传动的优点

① 在同等功率下，液压元件的体积小、重量轻、结构紧凑。液压泵和液压马达单位功率的重量只是电动机的 $1/10$，相同功率液压马达的体积为电动机的 $12\% \sim 13\%$。

② 可以在运行过程中实现大范围的无级调速，调速比例可达 $2000:1$。

③ 液压传动工作平稳，换向冲击小，便于实现频繁换向。

④ 液压系统易于实现过载保护，能实现自润滑，使用寿命长。

⑤ 液压系统易于实现自动化。借助于各种控制阀，特别是液压控制和电气控制结合使用，组成机-电-液一体化系统，可很容易地实现复杂的自动工作循环，而且可以实现远程控制。

⑥ 液压元件的布置不受严格的空间位置限制，系统中各部分用管道连接，布局安装有很大的灵活性，能构成用其他方法难以组成的复杂系统。

⑦ 液压元件易于实现系列化、标准化和通用化，便于设计、制造和推广使用。

（2）液压传动的缺点

① 不能保证严格的传动比。由于油液的可压缩性和泄漏等因素，液压传动不能保证严格的传动比。

② 工作稳定性易受温度变化影响。液压传动对油温的变化比较敏感，温度变化时，液体黏性变化，引起运动特性的变化，使得工作的稳定性受到影响，所以它不宜在温度变化很大的环境条件下工作。

③ 在传动过程中，能量需经两次转换，传动效率偏低。

④ 制造工艺复杂，造价较高。为了减少泄漏，以及为了满足某些性能上的要求，液压元件制造精度要求较高，加工工艺较复杂，因而造价较高。

此外，液压系统易因油液污染等发生故障，且不易查找和排除。

1.2.2 液压传动的应用

液压传动独特的优点使其在机械制造、能源冶金、工程机械、交通运输、军事装备等行业得到广泛应用，已经成为现代机械工程和控制技术的重要组成部分。表1-1为液压传动的应用实例。

表1-1 液压传动的应用实例

应用行业	应用实例
机械制造	金属切削机床、数控加工中心、机器人、机械手、液压机、焊接机等
交通运输与汽车工业	铺轨机、架桥机、自卸式汽车、平板车、高空作业车、汽车中的转向器、减振器、液压工具等
矿山、能源与冶金机械	凿岩机、开掘机、开采机、破碎机、提升机、煤矿液压支架及钻机、石油钻机、高电炉炉顶及电极升降机、轧钢机、板坯连铸机、压力机等
建筑、工程机械及农林牧机械	打桩机、液压千斤顶、平地机、汽车吊、港口龙门吊、叉车、装卸机械、皮带运输机、挖掘机、装载机、推土机、压路机、铲运机、联合收割机、拖拉机、农具悬挂系统等
轻工、纺织及化工机械	打包机、注塑机、折弯机、弯管机、校直机、橡胶硫化机、造纸机/纺丝机、印花机、吹塑机等
航空航天、河海工程和武器装备	大型客机、飞机场地面设备、卫星发射设备、舰船设备、河流穿越设备、大型导弹舵机、水下机器人、地空导弹发射装置、地面武器可移动平台、炮塔俯仰装置等

1.2.3 液压传动的发展概况

液压传动相对机械和电气传动来说，是一门新兴的技术。虽然自18世纪末英国制成世界上第一台水压机算起，液压传动技术已有200多年的历史，但直到20世纪30年代它才较普遍地用于起重机、机床及工程机械。第二次世界大战期间，由于战争需要，出现了由响应迅速、精度高的液压控制机构所装备的各种军事武器，液压技术得到了迅速发展。第二次世界大战后液压技术迅速转向民用工业，不断应用于机械制造、起重运输和各类施工机械、船舶、航空等领域。20 世纪 60 年代以来，随着原子能、航空航天、微电子和计算机技术的发展，液压技术也得到了极大进展并不断拓展应用领域。

我国的液压传动技术起步较晚，新中国成立后才得到较快发展。1952 年试制出我国第一台液压齿轮泵，1959 年建立国内首家专业液压元件厂。经过半个多世纪的独立研制、引入技术、合资生产和仿制消化，已形成了一个门类比较齐全，有一定生产、研发能力和技术水平的工业体系，可以提供较为齐全的液压传动元件产品并能基本满足各类设备的需要。目前我国液压行业已有几百家元件生产厂家和百余个相关研究院所，几十所高校设有液压传动与控制专业和研究室、所；出版有《液压与气动》《机床与液压》和《液压气动与密封》等专业期刊；颁布了 167 项专业标准；建立有各级学术团体；每年举行多次学术会议和专业展览会。总之，目前我国的液压工业发展迅速，一些成果已具有世界领先水平；但技术水平与生产能力与先进国家相比尚有一定差距，主要表现在产品品种还不齐全、可靠性差、自主开发能力弱；在一些新的应用领域，如航空航天、水下和海洋工程、微型机械装置等一些特殊元件研究还需加强。

当前，液压传动已经发展成为包括传动、控制和检测在内的一门完整的自动化技术，液压传动的应用程度已成为衡量一个国家工业发展水平的重要标志。液压传动正向智能化、节能化、高压化、集成化、复合化、小型化、绿色化、大功率、长寿命、高可靠性的方向发展。同时，新型液压元件和系统的计算机辅助设计（CAD）、计算机辅助测试（CAT）、计算机直接控制（CDC）、机电一体化技术、可靠性技术等方面也是当前液压传动研究和发展的方向。

第2章 液压传动基础知识

2.1 液压工作介质

在液压系统中，液压工作介质有石油基液压油、难燃型液压油、高水基液和水介质等，一般称为液压油。液压油的主要功能是传递能量和信号，而且对液压系统的机构、零件起润滑、冷却和防锈作用。液压油的质量优劣直接影响液压系统的工作可靠性、准确性和灵活性，因此，了解液压油的特性，合理选用液压油是很重要的。

2.1.1 液压油的物理性质

(1) 密度

单位体积内液体的质量称为密度，用 ρ 表示。

$$\rho = \frac{m}{V} \tag{2-1}$$

式中，m 和 V 分别为液体的质量及体积。

液体的密度会受温度和压力变化的影响，当温度升高时液体密度略有减小，压力增加时液体密度略有增大。在工程应用中可认为液压工作介质的密度不随温度和压力的变化而变化。

(2) 可压缩性

在温度不变时，液体在压力作用下体积减小的特性称为液体的可压缩性。可压缩性用体积压缩系数（单位压力变化引起的体积相对变化量）k 或体积弹性模量 K_e 表示。液压油的体积弹性模量 K_e 为 $(1.4 \sim 2) \times 10^9 \mathrm{Pa}$，数值很大，因而对一般液压系统可以忽略液体的可压缩性。只有在液体中混入空气、高压系统或考虑液压系统的动态特性时，才考虑因液体的可压缩性而引起的体积变化。

(3) 黏性

液体在外力作用下流动（或有流动趋势时）时，由于液体分子间的内聚力而产生一种阻碍液体分子之间进行相对运动的内摩擦力，这种性质称为液体的黏性。

液体黏性的大小可用黏度来衡量，黏度是选择液压油的主要指标，是影响液体流动的重要物理性质。常用的黏度有三种，分别为动力黏度、运动黏度和相对黏度。

① 动力黏度 η。动力黏度又称绝对黏度，其物理意义为单位速度梯度下单位面积上的内摩擦力的大小，即

$$\eta = \frac{F}{A \frac{\mathrm{d}u}{\mathrm{d}y}} \tag{2-2}$$

动力黏度的国际计量单位为 Pa·s 或 N·s/m^2。

② 运动黏度 ν。运动黏度是绝对黏度 η 与液体密度 ρ 的比值，即

$$\nu = \frac{\eta}{\rho} \tag{2-3}$$

运动黏度的国际计量单位为 m^2/s。运动黏度 ν 没有明确的物理意义，只是由于在理论分析和计算中常常遇到绝对黏度与密度的比值，为方便起见采用运动黏度这个单位来代替 η/ρ。

机械油的牌号就是表明以"mm^2/s"为单位的，在温度 40℃ 时运动黏度 ν 的平均值。如 L-HL32 液压油就是指该油在 40℃ 时其运动黏度 ν 的平均值是 32mm^2/s。

③ 相对黏度。动力黏度和运动黏度都难以直接测量，因此，工程上采用另一种可用仪器直接测量的黏度单位，即相对黏度。相对黏度是以相对于蒸馏水的黏性的大小来表示该液体的黏性。

一般情况下，压力对黏度的影响比较小，当压力低于 5MPa 时，黏度值的变化很小，当液体所受的压力加大时，分子之间的距离缩小，内聚力增大，其黏度也随之增大，但数值增大很小，可忽略不计。液压油黏度对温度的变化十分敏感，当温度升高时，其分子之间的内聚力减小，黏度降低，液体流动性增强。

(4) 其他性质

液压工作介质还有抗燃性、抗氧化性、抗凝性、抗泡沫性、抗乳化性、防锈性、润滑性、导热性、稳定性以及相容性（主要指对密封材料、软管等不侵蚀、不溶胀的性质）等其他一些物理和化学性质，这些性质对液压系统的工作性能有重要影响，不同的液压系统对工作介质的性质要求不同。

2.1.2 工作介质的种类和特性

液压油的品种、代号、组成和应用场合见表 2-1。液压油的代号含义和命名表示方法如下。

表 2-1 液压油的品种、代号、组成和应用场合

分类	名称	产品代号	组成、特点和适用场合
液压油	精制矿油	L-HH	无抑制剂(抗磨和抗氧化等)，适用于一般循环润滑系统，很少直接用于液压系统
	普通液压油	L-HL	改善防锈和抗氧抵制剂的精制矿油，适用于低压液压系统
	抗磨液压油	L-HM	在 L-HL 油基础上改善抗磨性的液压油，适用于高负荷部件的一般液压系统
	低温液压油	L-HV	在 L-HM 油基础上改善黏温性的液压油。适用于车辆和轮船设备
	液压导轨油	L-HG	在 L-HM 油基础上改善黏滑性的液压油。适用于液压系统和导轨润滑系统合用的机床，也适用于其他要求油有良好黏附性的机械润滑部位
难燃液压液	水包油型(O/W)乳化液	L-HFAE	水包油型高水基液，通常含水 80% 以上，难燃性好，价格便宜。适用于煤矿液压支架液压系统和其他不要求回收废液和不要求有良好润滑性，但要求良好难燃性液压的液压系统
	化学水溶液	HFAS	含化学添加剂的高水基液，通常含水 80% 以上，低温性、黏温性和润滑性差，难燃性好，价格便宜。适用于需要难燃液的低压液压系统和金属加工设备

续表

分类	名称	产品代号	组成、特点和适用场合
难燃液压液	水包油型(W/O)乳化液	L-HFB	常含油60%以上,其余为水和添加剂。适用于冶金、煤矿等行业的中压和高压,高温和易燃场合的液压系统
	含聚合物水溶液	L-HFC	常含水35%以上,为水-乙二醇或其他聚合物的水溶液,难燃性好。适用于冶金、煤矿等行业的低、中压液压系统
	磷酸酯无水合成液	L-HFDR	由无水的磷酸酯加各种添加剂制成,难燃性好,但黏温性和低温性差,可溶解多种非金属材料(故要选择合适的密封材料),有毒。适用于冶金、火力发电、燃气轮机等高温、高压下操作的液压系统
	其他成分的无水合成液	HFDU	难燃液压液,根据各自特性选用
专用液压油(液)			航空液压油、航空难燃液压油、舰用液压油、炮用液压油、汽车制动液等,针对一些专门领域的工作条件添加一些添加剂制得,以适用于各种特定工作条件,产品品种和性能等见有关手册

代号:L-HL 32（简称 HL-32，常叫作 32 号 HL 油、32 号普通液压油）。

其中:L 表示类别,即润滑剂类;HL 表示品种,H——液压油组,L——防锈抗氧型;32 表示牌号,如黏度等级 VC32（40℃时运动黏度为 32mm²/s),各品种的液压油有不同黏度等级,如 L-HL 油有 6 个黏度等级（15、22、32、46、68、100),参见 GB/T 11118.1—2011。

2.1.3 液压传动系统对工作介质的要求

通常来说,液压传动系统对工作介质有以下要求。

① 适宜的黏度和良好的黏温性能。一般液压系统所用的液压油其黏度范围为 $\nu=11.5\times10^{-6}\sim35.3\times10^{-6}\,m^2/s$。

② 润滑性能好。在液压传动机械设备中,除液压元件外,其他一些有相对滑动的零件也要用液压油来润滑,因此,液压油应具有良好的润滑性能。为了改善液压油的润滑性能,可加入添加剂以增加其润滑性能。

③ 良好的化学稳定性。即对热、氧化、水解、相容都具有良好的稳定性。

④ 对金属材料具有防锈性和防腐性,对金属和密封件有良好的相容性。

⑤ 比热容、热导率大,体积热膨胀系数小,流动点和凝固点低,闪点(明火能使油面上油蒸气内燃,但油本身不燃烧的温度)和燃点高。

⑥ 抗泡沫性好,抗乳化性好。

⑦ 油液纯净,含杂质量少。

⑧ 流动点和凝固点低,闪点和燃点高。

此外,无毒无害、价格便宜等,也应根据不同的情况有所要求。

2.1.4 工作介质的选择和使用

正确而合理地选用液压油,是保证液压设备高效率正常运转的前提。

选用液压油时,可根据液压元件生产厂样本和说明书所推荐的品种牌号来选用。一般是根据液压系统的工作压力、工作温度、液压元件种类及经济性等因素全面考虑,先确定适用的黏度范围,再选择合适的液压油品种,同时还要考虑液压系统工作条件的特殊要求。如在寒冷地区工作的系统则要求油的黏度指数高、低温流动性好、凝固点低;伺服系统则要求油质纯、压缩性小；高压系统则要求油液抗磨性好。在选用液压油时，黏度是一个重要的参数。黏度的高低将影响运动部件的润滑、缝隙的泄漏以及流动时的压力损失、系统的发热温升等。所以，在环境温度较高，工作压力高或运动速度较低时，为减少泄漏，应选用黏度较高的液压油；否则相反。

由于液压泵的工作条件最为严峻，因此一般会根据液压泵的要求确定液压油的黏度和品种，见表 2-2。

表 2-2 按液压泵选择液压油的黏度和品种

液压泵类型	压力	运动黏度范围 $v/(\mathrm{mm}^2/\mathrm{s})$		适用品种
		5～40℃	40～80℃	
齿轮泵		30～70	65～165	HL 油
叶片泵	7MPa 以下	30～50	40～75	HM 油
	7MPa 以上	50～70	55～90	
径向柱塞泵		30～50	65～240	HL 油
轴向柱塞泵		40	70～150	

液压油选定和配制好后，如果使用不当，其性质会发生变化而引起液压系统工作失常。国内外统计资料表明，70%～80%的液压系统故障是由于液压油的污染引起的。在液压油的使用中，要注意以下几点。

① 换油前液压系统要清洗。液压系统首次使用液压油前，必须彻底清洗干净，在更换同一品种液压油时，也要用新换的液压油冲洗 1～2 次。

② 液压油不能随意混用。如已确定选用某一牌号液压油则必须单独使用。未经液压设备生产制造厂家同意和没有科学根据时，不得随意与不同黏度牌号的液压油，或是同一黏度牌号但不是同一厂家的液压油混用，更不得与其他类别的油混用。

③ 注意液压系统密封的良好。使用液压油的液压系统必须保持严格的密封，防止泄漏和外界各种污染物混入。

④ 根据换油指标及时更换液压油。对液压设备中的液压油应定期取样化验，一旦油中的理化指标达到换油指标后（单项达到或几项达到）就要换油。

2.2 液体静力学

静止液体指的是液体内部质点间没有相对运动，不呈现黏性的液体。至于盛装液体的容器，无论它是静止的或是运动的都没有关系。液体静力学是流体力学的一个分支，以静止液体的力学性质和平衡规律为研究对象。

本节主要介绍液体静压力特性、分布、传递规律以及液体对固体壁面的作用力。

2.2.1 液体静压力及其特性

静压力是指静止液体单位面积上所受的法向力，简称压力 p（即特理学中的压强），即

$$p = \frac{F}{A} \tag{2-4}$$

式中，F 为作用在液体上的法向力；A 为液体承受法向力的面积。

压力具有下述两个重要特征。

① 液体压力垂直于作用面，其方向与该面的内法线方向一致。

② 静止液体中，任何一点所受到的各方向的静压力都相等。

2.2.2 静压力的分布

如图 2-1(a) 所示，密度为 ρ 的液体在容器内处于静止状态。为求任意深度 h 外的压力 p，可以假想从液面往下切取一个垂直小液柱作为研究体，设液柱的底面积为 ΔA，高为 h，如图 2-1(b) 所示。由于液柱处于平衡状态，于是有

$$p\Delta A = p_0 \Delta A + \rho g h \Delta A \tag{2-5}$$

因此得

$$p = p_0 + \rho g h \tag{2-6}$$

式(2-6) 称为液体静力学基本方程式。由式(2-6) 可知，重力作用下的静止液体，其压力分布有如下特征。

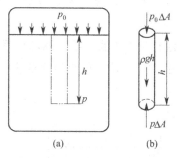

图 2-1 重力作用下的静止液体

① 静止液体内任一点处的压力都由两部分组成：一部分是液面上的压力 p_0；另一部分是该点以上液体自重所形成的压力，即 ρg 与该点离液面深度 h 的乘积。当液面上只受大气压 p_a 作用时，则液体内任一点处的压力为

$$p = p_a + \rho g h \tag{2-7}$$

② 静止液体内的压力随液体深度呈直线规律分布。

③ 在同一深度上各点的压力相等，压力相等的所有点组成的面为等压面，很显然，在重力作用下静止液体的等压面为一个平面。

2.2.3 压力的表示方法

根据压力度量起点的不同，液体压力有绝对压力和相对压力之分。以绝对真空为基准所测得的压力为绝对压力。超过大气压的那部分压力叫作相对压力或表压力。因为在地球表面上，物体受大气压力的作用是自相平衡的，即大多数测压仪表在大气压

下并不动作，即示出的压力值为零，因此，它测出的压力即是以大气压为基准测到的一种压力，故相对压力也称为表压力。液压传动中所提到的压力，如不特别指明，一般均为相对压力。

当绝对压力低于大气压时，绝对压力低于大气压的那部分压力值称为真空度。此时相对压力值为负值。绝对压力、相对压力（表压力）和真空度的关系如图 2-2 所示。

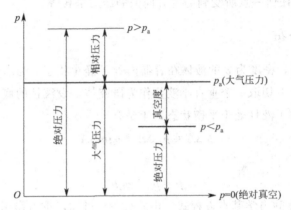

图 2-2　绝对压力（表压力）和真空度的关系

压力的法定计量单位是 Pa（帕斯卡，简称帕，$1Pa = 1N/m^2$）。工程上常用 MPa（兆帕）表示，$1MPa = 10^6 Pa$。

【例 2-1】　如图 2-3 所示，容器内盛油液。已知油的密度 $\rho = 900 kg/m^3$，活塞上的作用力 $F = 1000N$，活塞的面积 $A = 1 \times 10^{-3} m^2$，假设活塞的重量忽略不计。问活塞下方深度为 0.5m 处的压力等于多少？

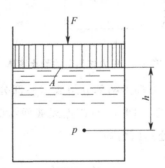

图 2-3　静止液体内的压力

解：活塞与液体接触面上的压力为

$$p_0 = \frac{F}{A} = \frac{1000N}{1 \times 10^{-3} m^2} = 10^6 N/m^2$$

根据静压力基本方程，深度为 h 处的液体压力为

$$p = p_0 + \rho g h = 10^6 + 900 \times 9.8 \times 0.5$$
$$= 1.0044 \times 10^6 N/m^2 \approx 10^6 N/m^2 = 1MPa$$

从本例可以看出，液体在受外界压力作用的情况下，由液体自重所形成的那部分压力

$\rho g h$ 相对其小，在液压系统中常可忽略不计，因而可近似认为整个液体内部的压力是相等的。我们在分析液压系统的压力时，一般都采用这种结论。

2.2.4　液体静压力的传递

密封容器内的静止液体，当边界上的压力 p_0 发生变化时，例如增加 Δp，则容器内任意一点的压力将增加同一数值 Δp。也就是说，在密闭容器内，施加于静止液体上的压力将以等值同时传到各点。这就是静压传递原理或称帕斯卡原理。

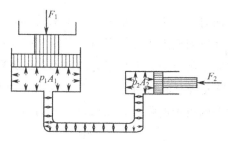

图 2-4　应用帕斯卡原理推导压力与负载关系的实例

根据帕斯卡原理和静压力的特性，液压传动不仅可以进行力的传递，而且还能将力放大和改变力的方向。如图 2-4 所示是应用帕斯卡原理推导压力与负载关系的实例。图中垂直液压缸（负载缸）的截面积为 A_1，水平液压缸截面积为 A_2，两个活塞上的外作用力分别为 F_1、F_2，则缸内压力分别为 $p_1 = F_1/A_1$、$p_2 = F_2/A_2$。由于两缸充满液体且互相连接，根据帕斯卡原理有 $p_1 = p_2$。因此有

$$F_1 = \frac{A_1}{A_2} F_2 \tag{2-8}$$

式(2-8)表明，只要 A_1/A_2 足够大，用很小的力 F_2 就可产生很大的力 F_1。液压千斤顶和水压机就是按此原理制成的。

如果垂直液压缸的活塞上没有负载，即 $F_1 = 0$，则当略去活塞重量及其他阻力时，无论怎样推动水平液压缸的活塞也不能在液体中形成压力。这说明液压系统中的压力是由外界负载决定的，这是液压传动的一个基本概念。

2.2.5　液体静压力对固体壁面的作用力

静止液体和固体壁面相接触时，固体壁面上各点在某一方向上所受静压作用力的总和，便是液体在该方向上作用于固体壁面上的力。在液压传动计算中重力可以忽略，静压力处处相等，所以可认为作用于固体壁面上的压力是均匀分布的。

当固体壁面为一个平面时，平面上各点的静压力大小相等，其作用方向与该平面垂直，即

$$F = pA \tag{2-9}$$

式中，F 为作用于固体壁面上的力，N；p 为液体的静压力，Pa；A 为承压面的面积，m^2。

如图 2-5 所示，压力油作用在直径为 D 的柱塞上，则有

$$F = pA = p\frac{\pi D^2}{4} \qquad (2\text{-}10)$$

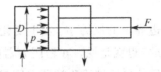

图 2-5　液体对固体壁面（平面）的作用力

当承受压力的表面为曲面时，由于压力总是垂直于承受压力的表面，所以作用在曲面上各点的力不平行但相等。要计算曲面上的总作用力，必须明确要计算哪个方向上的力。作用在曲面上的液压力在某一方向上的分力等于静压力与曲面在该方向投影面积的乘积。

如图 2-6 所示为球面和锥面所受液压力分析。要计算出球面和锥面在垂直方向受力 F，只要先计算出曲面在垂直方向的投影面积 A，然后再与压力 p 相乘，即

$$F = pA = p\frac{\pi d^2}{4} \qquad (2\text{-}11)$$

式中，d 为承压部分曲面投影圆的直径。

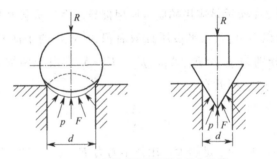

图 2-6　球面和锥面所受液压力分析

2.3　液体动力学

本节主要讨论三个基本方程式，即液流的连续性方程、伯努力方程和动量方程，它们分别是刚体力学中的质量守恒、能量守恒及动量守恒原理在流体力学中的具体应用。前两个方程描述了压力、流速与流量之间的关系，以及液体能量相互间的变换关系，后者描述了流动液体与固体壁面之间作用力的情况。

2.3.1　基本概念

(1) 理想液体与定常流动

液体具有黏性和压缩性，并在流动时表现出来，因为黏性问题非常复杂，因此，引入理想液体的概念，理想液体就是指没有黏性、不可压缩的液体。首先对理想液体进行研究，建立流体整体平均参数间的基本规律，再通过实验验证的方法对所得的结论进行补充和修正，

以得到实际液体流动的基本规律。这样，不仅使问题简单化，而且得到的结论在实际应用中仍具有足够的精确性。我们把既具有黏性又可压缩的液体称为实际液体。

液体流动时，可以将流动空间（流场）任一点上质点的运动参数，例如压力 p、流速 u 及密度 ρ 表示为空间坐标和时间的函数，如在直角坐标下 $p=p(x,y,z,t)$，$u=u(x,y,z,t)$，$\rho=\rho(x,y,z,t)$。如果流场中任意一点的运动参数只随空间点坐标的变化而变化，不随时间 t 变化，这样的流动称为定常流动（或恒定流动）。但只要有一个运动参数随时间而变化，则就是非定常流动或非恒定流动。

（2）流线、流束和通流截面

流线是某瞬时流场中液体质点组成的一条光滑空间曲线，见图 2-7(a)。在该线上各点的速度方向与曲线在该点的切线方向重合，并指向液体流动的方向。在非定常流动时，因为各质点的速度可能随时间改变，所以流线形状也随时间改变。在定常流动时，流线形状不随时间而改变。由于任一瞬间液体质点只有一个速度方向，所以流线不能相交也不能折转。

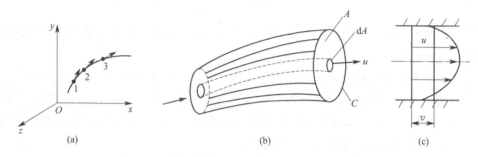

图 2-7 流线、流束、通流截面、流量和平均流量

1～3—流线上任选的点

某一瞬时 t 在流场中画一条封闭曲线，经过封闭曲线的每一点作流线，这些流线的集合，称为流束，见图 2-7(b)。封闭曲线的面积 $A\to0$，即面积为 $\mathrm{d}A$ 的流束称为微小流束。

流束中与所有流线正交的截面称为通流截面。通流截面可能是平面，也可能是曲面。由于微小流束的通流截面很小，可以认为其通流截面上各点的运动参数，如压力 p、流速 u、密度 ρ 等相同。

（3）流量和平均流速

单位时间内流过通流截面的液体的体积称为流量，用 q 表示，流量的常用单位为 $\mathrm{m^3/s}$ 或 $\mathrm{L/min}$。

对微小流束，通过 $\mathrm{d}A$ 上的流量为 $\mathrm{d}q$，$\mathrm{d}q=u\mathrm{d}A$，如果已知通流截面上的流速 u 的变化规律，则流过该通流截面的流量为

$$q=\int_A u\,\mathrm{d}A \tag{2-12}$$

在实际液体流动中，由于黏性摩擦力的作用，通流截面上流速 u 的分布规律难以确定，如图 2-7(c) 所示，因此引入平均流速的概念，即认为通流截面上各点的流速均为平均流速，用 v 表示：

$$v = \frac{q}{A} = \frac{\int_A u \, dA}{A} \tag{2-13}$$

在工程计算中，平均流速才具有应用价值。若未加声明，v 一般指平均流速。

（4）流动状态和雷诺判据

19 世纪，英国物理学家雷诺通过大量试验发现，液体在管道中流动时存在层流和紊流两种流动状态。层流时，液体质点没有横向脉动，不引起液体质点混杂，沿管轴呈线状或层状流动；紊流时，流体质点具有横向脉动，引起流层间质点相互错杂交换，流动呈混杂紊乱状态。液体的这两种流态，可用雷诺数来判别。

实验证明，液体在圆管中的流动状态不仅与管内的平均流速 v 有关，还和管径（或流道）的水力直径 d_H、液体的运动黏度 ν 有关。这三个参数组成的一个称为雷诺数 Re 的无量纲纯数。

$$Re = \frac{v d_H}{\nu} \tag{2-14}$$

式中，$d_H = 4A/x$，A 为液体通流截面面积，x 为通流截面的湿周长度，即与液体相接触的固体壁面的周长。

在管道几何形状相似的情况下，如果雷诺数相同，液体流动状态也相同。流动状态由紊流转变为层流的雷诺数称为临界雷诺数，记为 Re_c。当 $Re < Re_c$ 时，液流为层流；当 $Re > Re_c$ 时，液流为紊流。常见液流管道的临界雷诺数由实验确定，光滑圆管的临界雷诺数 Re_c 为 2320，橡胶软管的临界雷诺数 Re_c 为 1600。

2.3.2　连续性方程

连续性方程是质量守恒定律在流体力学中的一种表达形式。

如图 2-8 所示，非等截面管中液体作定常流动时，根据质量守恒定律，流过两任意截面的液体质量流量相等，即

$$\rho_1 v_1 A_1 = \rho_2 v_2 A_2 \tag{2-15}$$

式中，ρ_1、ρ_2、v_1、v_2、A_1、A_2 分别为两截面的液体密度、平均流速和面积。

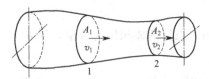

图 2-8　液体在管道中流动

式（2-15）即是可压缩液体定常流动时的连续性方程。如果不考虑液体的可压缩性，有 $\rho_1 = \rho_2$，则不可压缩液体定常流动的连续性方程为

$$v_1 A_1 = v_2 A_2 \tag{2-16}$$

或写为

$$q = vA = 常数 \tag{2-17}$$

式（2-17）表明，不可压缩液体定常流动时，流管内任一通流截面上的流量相等；当流量一定时，流速与通流截面面积成反比。

2.3.3 伯努利方程

伯努利方程是能量守恒定律在流体力学中的一种表达形式。

（1）理想液体的伯努利方程

理想液体没有黏性，在管道内作定常流动时没有能量损失。根据能量守恒定律，同一管道每一截面上的总能量都是相等的。

对于静止液体，单位质量液体的总能量为单位质量液体的位能 z（比位能）与压力能 $p/\rho g$（比压能）之和；对于流动液体，除以上两种能量外，还有单位质量液体的动能 $u^2/2g$（比动能）。

在图 2-9 所示的管道中取两个通流截面 A_1 和 A_2，它们距基准水平面的距离分别为 z_1 和 z_2。如两截面的平均流速分别为 v_1 和 v_2，压力分别为 p_1 和 p_2，根据能量守恒定律即可得到理想液体的伯努利方程。

$$z_1 + \frac{p_1}{\rho g} + \frac{v_1^2}{2g} = z_2 + \frac{p_2}{\rho g} + \frac{v_2^2}{2g} \tag{2-18}$$

或

$$z + \frac{p}{\rho g} + \frac{v^2}{2g} = 常数 \tag{2-19}$$

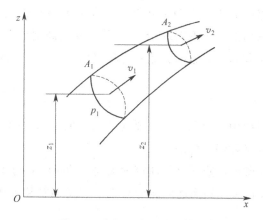

图 2-9 伯努利方程推导简图

理想液体伯努利方程的物理意义为，在管道内作定常流动的理想液体的总比能（单位质量液体的总能量）由比位能 z、比压能 $\frac{p}{\rho g}$ 和比动能 $\frac{v^2}{2g}$ 三种形式的能量组成，在任一通流截面上三者之和是一个定值，但三者之间可以相互转换，即能量守恒。

（2）实际液体的伯努利方程

实际液体在管内流动时，因为黏性力使液体与管壁间、液体质点之间产生摩擦而损消能量；管道形状和尺寸的变化也会对液流产生扰动而使其损耗能量。所以实际液体流动时，液流的总能量或总比能在不断地减少。设单位质量液体在管道两截面之间流动的能量损失为 h_w。另外，用平均流速 v 代替实际流速 u 计算比动能会产生误差，为此，引入动能修正系数 α，它等于单位时间内某截面处的实际动能与按平均流速计算的动能之比。动能修正系数 α 的数值与管道中液体的流态有关，液体在圆管中层流时 $\alpha=2$；紊流时 $\alpha\approx1.05$（实际计算常取 $\alpha=1$）。

根据能量守恒定律，在考虑能量损失 h_w 和引入动能修正系数 α 后，实际液体伯努利方程为

$$z_1+\frac{p_1}{\rho g}+\frac{\alpha_1 v_1^2}{2g}=z_2+\frac{p_2}{\rho g}+\frac{\alpha_2 v_2^2}{2g}+h_w \tag{2-20}$$

伯努利方程的适用条件和应用方法如下。

① 管道内稳定流动的不可压缩液体，即密度为常数，液体所受的力只有重力，忽略惯性力的影响。

② 所选择的两个通流截面必须在同一个连续流动的流场中，是渐变流（即流线近于平行线，通流截面近于平面），而不考虑两截面间的流动状况。

③ 计算时，一般将截面几何中心处的 z 和 p 作为计算参数，并选取与大气相通的截面为基准面，以简化计算，两截面的压力表示方法（相对压力或绝对压力）应一致。

④ 能量损失 h_w 的量纲也为长度。

伯努利方程是流体力学的重要方程，在液压传动中常与连续性方程一起用来求解系统中的压力和速度问题。

在液压系统中，管路中的压力常为十几个大气压到几百个大气压（1atm＝101325Pa），而大多数情况下管路中的油液流速不超过6m/s，管路安装高度也不超过5m。因此，系统中油液流速引起的动能变化和高度引起的势能变化相对压力能来说可忽略不计，于是伯努利方程可简化为

$$p_1-p_2=\Delta p \tag{2-21}$$

因此，在液压传动系统中，能量损失主要为压力损失 Δp，这也表明液压传动是利用液体的压力能来工作的，故又称静压传动。

【例2-2】 如图2-10所示，液压泵从油箱中吸油，油箱液面与大气接触（即油面上的压力为大气压 p_a），泵吸油口至油箱液面的高度为 H。试分析计算液压泵正常吸油的条件。

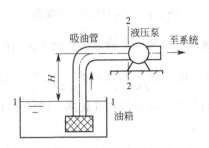

图 2-10 液压泵吸油装置

解：选取油箱液面为基准面，油箱液面 1—1 和泵吸油口处截面 2—2 为所研究通流截

面，并设两截面间的液流能量损失为 h_w，以绝对压力表示两截面的压力 p_1 和 p_2。

列写两截面的伯努利方程（动能修正系数取为 $\alpha_1 = \alpha_2 = 1$）。

$$z_1 + \frac{p_1}{\rho g} + \frac{v_1^2}{2g} = z_2 + \frac{p_2}{\rho g} + \frac{v_2^2}{2g} + h_w$$

由于油箱液面面积远大于液压泵吸油管截面积，故油箱液面流速 $v_1 \ll v_2$（液压泵吸油口处流速），可视 v_1 为零；又由于 $z_1 = 0$，$z_2 - z_1 = H$，$p_1 = p_a$，代入上式并整理得液压泵吸油口处的真空度为

$$p_a - p_2 = \rho g\left(H + \frac{v_2^2}{2g} + h_w\right) = \rho g H + \frac{\rho v_2^2}{2} + \Delta p$$

由上式可看出，液压泵吸油口处的真空度由把油液提升到 H 所需压力、产生一定流速 v_2 所需压力和吸油管的压力损失 Δp 三部分组成。

为保证液压泵正常吸油工作，其吸油口处的真空度不能太大，否则在绝对压力低于空气分离压时，溶于油液中空气将分离析出形成气泡，产生气穴现象，引起振动和噪声。因而必须限制液压泵吸油口处的真空度（应使其小于 0.03MPa），其措施包括增大吸油管直径、缩短吸油管长度和减小局部阻力使 $\frac{\rho v_2^2}{2} + \Delta p$ 两项降低；再就是限制液压泵的吸油高度 H。各类液压泵允许的吸油高度不同，通常取 $H \leqslant 0.5\text{m}$。也可将液压泵安装在油箱液面以下形成倒灌（此时 H 为负值），对降低液压泵吸油口处的真空度更为有利。

2.3.4　动量方程

动量方程是动量定理在流体力学中的具体应用和表达形式，可用来计算液流作用在限制其流动的固体壁面上的力。

如图 2-11 所示，截面 1、2 间的液体控制体积的全部外力之和 $\sum F$ 等于单位时间内流出控制表面与流入控制表面的液体动能之差，表示为动量方程如下。

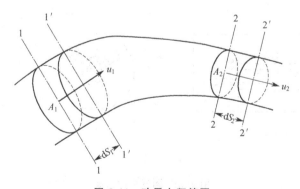

图 2-11　动量方程简图

$$\sum F = \frac{\mathrm{d}(mv)}{\mathrm{d}t} = \rho q(\beta_2 v_2 - \beta_1 v_1) \tag{2-22}$$

式中，q 为流量；β_1、β_2 为动量修正系数，用于修正以平均流速代替实际流速计算动量带来的误差，其值与流态有关，液体在圆管中层流时 $\beta = 4/3$，紊流时 $\beta = 1$，实际计算时可

都取 $\beta=1$。

动量方程是矢量表达式,计算时可根据具体要求,向指定方向投影,求得该方向的分量。根据作用力与反作用力大小相等、方向相反的原理。动量方程可用来计算流动液体对固体壁面的作用力。

2.4 管道中液流的能量损失

实际液体伯努利方程中的 h_w 项为能量损失,在液体流动中主要表现为压力损失。液压系统中的压力损失分为两类,一类是油液沿等径直管流动时所产生的压力损失,称为沿程压力损失。这类压力损失是由液体流动时的内、外摩擦力所引起的。另一类是油液流经局部障碍(如弯头、接头、管道截面突然扩大或收缩)时,由于液流的方向和速度的突然变化,在局部形成漩涡引起油液质点间,以及质点与固体壁面间相互碰撞和剧烈摩擦而产生的压力损失,称为局部压力损失。

压力损失也就是液压系统中功率损耗增加,这将导致油液发热,泄漏量增加,效率下降和液压系统性能变差。在液压技术中,研究分析压力损失,一方面是为了正确计算液压系统中的阻力,并能找出减少流动阻力的途径;另一方面是为了利用阻力所形成的压差 Δp 来控制某些液压元件的动作。

2.4.1 等径直圆管中的沿程压力损失

液体在等径直圆管中流动时,由黏性摩擦引起的压力损失称为沿程压力损失。它主要取决于管路的长度、内径、液体的流速和黏度等。液体的流态不同,沿程压力损失也不同。液体在圆管中层流流动,在液压传动中最为常见,因此,在设计液压系统时,常希望管道中的液流保持层流流动的状态。

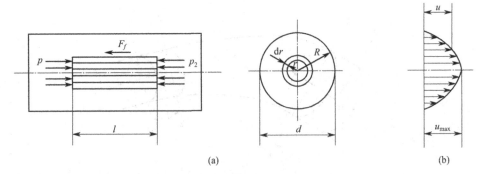

图 2-12 圆管中的层流

(1) 等径圆管中层流的沿程压力损失

如图 2-12(a) 所示,液体在直径 $d=2R$ 的等径直圆管中进行定常层流运动,在管内取一段与管轴线重合的微小液柱,设其半径为 r,长度为 l。作用在液柱两端面的压力分别为 p_1 和 p_2,圆柱侧面上的摩擦力为 F_f。液体匀速运动时,微小液柱的力平衡方程式为

$$(p_1 - p_2)\pi r^2 = F_f \tag{2-23}$$

由内摩擦定律可得 $F_f = 2\pi r l \tau = 2\pi r l(-\eta \mathrm{d}u/\mathrm{d}r)$（因流速 u 随 r 的增大而减小，故速度梯度 $\mathrm{d}u/\mathrm{d}r$ 为负值）。令 $\Delta p = p_1 - p_2$，代入式（2-20）整理后得

$$\frac{\mathrm{d}u}{\mathrm{d}r} = \frac{\Delta p}{2\eta l} r \, \mathrm{d}r \tag{2-24}$$

对其积分，并由边界条件 $u|_{r=R} = 0$ 确定积分常数，可得液流在圆管截面上的速度分布表达式

$$u = \frac{\Delta p}{4\eta l}(R^2 - r^2) \tag{2-25}$$

在通流截面上各点处的速度如图 2-12(b) 所示，可知速度沿半径方向按抛物线规律分布，最大流速在轴线上（$r=0$），其值为

$$u_{max} = \frac{\Delta p R^2}{4\eta l} = \frac{\Delta p d^2}{16\eta l} \tag{2-26}$$

流经等径直圆管的流量为

$$q = \int_A u \, \mathrm{d}A = \int_0^R 2\pi r u \, \mathrm{d}r = \frac{\pi \Delta p}{2\eta l} \int_0^R (R^2 - r^2) r \, \mathrm{d}r = \frac{\pi R^4}{8\eta l} \Delta p = \frac{\pi d^4}{128\eta l} \Delta p \tag{2-27}$$

此即著名的哈根-泊肃叶公式，它表明圆管层流流量 q 与管径 d 的 4 次方成正比。

引入平均速度 v 得

$$v = \frac{q}{A} = \frac{q}{\dfrac{\pi d^2}{4}} = \frac{\Delta p d^2}{32\eta l} = \frac{1}{2} u_{max} \tag{2-28}$$

即平均流速是最大流速的一半。

变换哈根-泊肃叶公式可得液体流经等径直圆管的沿程压力损失。

$$\Delta p = \frac{32\eta l v}{d^2} = \frac{64}{Re} \times \frac{l}{d} \times \frac{\rho v^2}{2} = \lambda \frac{l}{d} \times \frac{\rho v^2}{2} \tag{2-29}$$

式中，$\lambda = 64/Re$，为沿程阻力系数，实际计算中考虑温度变化不均等，对光滑金属圆管取 $\lambda = 75/Re$，对橡胶管取 $\lambda = 80/Re$。

(2) 等径直圆管中紊流的沿程压力损失

液体在等径直圆管中紊流时的沿程压力损失公式与层流时相同，即

$$\Delta p = \lambda \frac{l}{d} \times \frac{\rho v^2}{2} \tag{2-30}$$

但式中的沿程阻力系数 λ 值不仅与雷诺数 Re 有关，还与管壁的表面粗糙度有关。λ 值可从相关液压手册中查得。

2.4.2 局部压力损失

局部压力损失是液体流经阀口、弯管、管接头、突然扩大或缩小的通流截面等局部阻力装置时所引起的压力损失。液流通过局部阻力装置时，由于液流方向和速度将发生急剧变化，会在局部形成漩涡，液体质点间相互碰撞，从而产生动能能量损耗。

局部压力损失 Δp_ζ 一般可按式(2-31)计算。

$$\Delta p_\zeta = \zeta \frac{\rho v^2}{2} \tag{2-31}$$

式中，ζ 为局部阻力系数，其具体数值可根据局部阻力装置的类型从有关手册查得；ρ 为液体密度，kg/m^3；v 为液体的平均流速，m/s，一般情况下指局部阻力下游处的流速。

液体流经液压系统中各种控制阀的局部压力损失，可按式(2-32)计算。

$$\Delta p_\zeta = \Delta p_s \left(\frac{q}{q_s} \right)^2 \tag{2-32}$$

式中，q 为阀的实际流量；q_s 为阀的额定流量；Δp_s 为阀在额定流量 q_s 下的压力损失。q_s 和 Δp_s 的值可从产品样本或手册中查得。

2.4.3 管路系统中总的压力损失

管路系统的总压力损失等于所有沿程压力损失和所有局部压力损失之和，即

$$\sum \Delta p = \sum \Delta p_\lambda + \sum \Delta p_\zeta = \sum \lambda \frac{l}{d} \times \frac{\rho v^2}{2} + \sum \zeta \frac{\rho v^2}{2} \tag{2-33}$$

减少压力损失的措施：减小流速、缩短管路长度、减少管路截面的突然变化，提高管道内壁加工质量，其中影响压力损失的最主要因素是液体的流速。

2.5 孔口及缝隙液流特性

孔口或间隙是液压元件中的常见结构，例如节流调速中的节流小孔，液压元件相对运动表面间的各种间隙等。液体流经这些孔口和缝隙的流量压力特性，是研究节流调速性能和计算液压元件泄漏的理论基础。

2.5.1 孔口压力流量特性

孔口可根据孔长 l 与孔径 d 的比值分为三种形式：$l/d \leqslant 0.5$ 时，称为薄壁小孔；$0.5 < l/d \leqslant 4$ 时，称为短孔；$l/d > 4$ 时，称为细长孔。

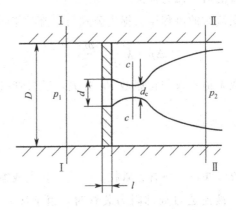

图 2-13　液体在薄壁小孔中的流动

（1）薄壁小孔

液体流经薄壁小孔（图 2-13）时，液流在小孔上游大约 $d/2$ 处开始加速并从四周流向小孔。由于流线不能突然转折到与管轴线平行，在液体惯性的作用下，外层流线逐渐向管轴方向收缩，逐渐过渡到与管轴线方向平行，从而形成收缩截面 A_c。对于圆孔，约在小孔下游 $d/2$ 处完成收缩。通常把最小收缩面积 A_c 与孔口截面积的比值称为收缩系数 C_c，即 $C_c = A_c/A_0$，式中，A_0 为小孔的通流截面积。

对于图 2-13 所示的通过薄壁小孔的液流，取截面 Ⅰ—Ⅰ 和 c—c 为计算截面，设截面 Ⅰ—Ⅰ 处的压力和平均速度分别为 p_1、v_1，截面 c—c 处的压力和平均速度分别为 p_c、v_c。选轴线为参考基准，则 $z_1 = z_c$，列伯努利方程为

$$\frac{p_1}{\rho g} + \frac{v_1^2}{2g} = \frac{p_c}{\rho g} + \frac{v_c^2}{2g} + \sum h_w \tag{2-34}$$

因为 $A_1 \gg A_0$，故 $v_c \gg v_1$，v_1 可忽略不计。式中的 h_w 部分主要是局部压力损失，由于 c—c 通流截面取在最小收缩截面处，所以，它只有管道突然收缩而引起的压力损失。

$$h_w = \frac{\zeta v_c^2}{2g} \tag{2-35}$$

令 $\Delta p = p_1 - p_c$，可求得液体流经薄壁小孔的平均速度 v_c 为

$$v_c = \frac{1}{\alpha_2 + \xi} \sqrt{\frac{2\Delta p}{\rho}} \tag{2-36}$$

令 $C_v = 1/(\alpha_2 + \zeta)$ 为小孔流速系数，$C_c = A_c/A_0$ 为截面收缩系数，则流经小孔的流量为

$$q = A_c v_c = C_c C_v A_0 \sqrt{\frac{2\Delta p}{\rho}} = C_d A_0 \sqrt{\frac{2\Delta p}{\rho}} \tag{2-37}$$

式中，$C_d = C_c C_v$，为流量系数，其大小一般由实验确定。

由薄壁小孔的流量公式可知，通过薄壁小孔的液流流量与小孔前后的压差的平方根以及孔口面积成正比，而与黏度无关，因而对油温的变化不敏感。因这一优良特性，薄壁小孔常用作液压元件及系统的节流器。

（2）细长孔

液体流经细长孔（$l/d > 4$）时，一般都是层流状态，所以其流量可直接应用前述哈根-泊肃叶公式来计算，即

$$q = \frac{\pi d^4}{128\eta l} \Delta p \tag{2-38}$$

可知，油液流经细长小孔的流量与小孔前后的压差 Δp 成正比，由于公式中包含油液的黏度 η，因此流量受油温变化的影响较大。

（3）短孔

液流流经短孔（$0.5 \leqslant l/D \leqslant 4$）的流量仍可用薄壁小孔的流量计算式，即

$$q = C_d A_0 \sqrt{\frac{2\Delta p}{\rho}} \tag{2-39}$$

但其流量系数 C_d 不同，短孔比薄壁小孔容易加工，故常用作固定节流器。

2.5.2 缝隙压力流量特性

液压元件内各零件间有相对运动，必须要有适当缝隙。缝隙过大，会造成泄漏；缝隙过小，会使零件卡死。泄漏是由压差和缝隙造成的，如图 2-14 所示。内泄漏的损失转换为热能，使油温升高，外泄漏污染环境，两者均影响系统的性能与效率，因此，研究液体流经缝隙的泄漏量、压差与缝隙量之间的关系，对提高元件性能及保证系统正常工作是必要的。

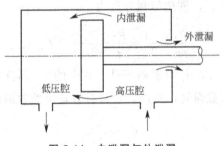

图 2-14　内泄漏与外泄漏

液压元件中常见的缝隙有平行平板缝隙和环形缝隙两种，缝隙中的流动一般为层流。

（1）平行平板缝隙

① 固定平行平板缝隙。液体在固定平行平板间流动是由压差引起的，故也称压差流动。如图 2-15 所示为两固定平行平板间隙，缝隙高为 h，长度为 l，宽度为 b，b 和 l 一般比 h 大得多。缝隙两端压差为 $\Delta p = p_1 - p_2$。

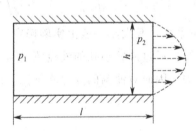

图 2-15　固定平行板缝隙中的液流

经理论推导可得液体流经平板缝隙的流量为

$$q = \frac{h^3 b}{12 \eta l} \Delta p \tag{2-40}$$

由式(2-40) 可知：液体流经两固定平行平板缝隙的流量 q 与缝隙 h 的三次方成正比，这说明液压元件的间隙对泄漏的影响很大。

② 相对运动平行平板缝隙。若一个平板以一定速度 v 相对另一个固定平板运动，如图 2-16 所示，在无压差作用下，由于液体的黏性，缝隙间的液体仍会产生流动，此流动称为剪切流动，这种情况下通过该缝隙的流量为

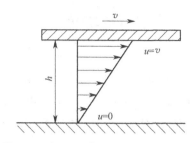

图 2-16 相对运动的两平行板间的液流

$$q = \frac{v}{2} b\delta \tag{2-41}$$

在压差作用下，液体流经相对运动平行平板缝隙的流量应为压差流动和剪切流动两种流量的叠加，即

$$q = \frac{h^3 b}{12\eta l} \Delta p \pm \frac{v}{2} bh \tag{2-42}$$

在式(2-42) 中，平板运动速度与压差作用下液体流向相同时取"＋"号；反之取"－"号。

由式(2-42) 得出结论：间隙 h 越小，泄漏功率损失也越小。但是 h 的减小会使液压元件中的摩擦功率损失增大，因而间隙 h 有一个使这两种功率损失之和达到最小的最佳值，并不是越小越好。

(2) 同心环形缝隙

图 2-17 所示为同心环形缝隙流动，长度为 l，当缝隙高度 h 与圆柱体直径 $d = 2r$ 之比 $h/d \ll 1$ 时，可以将同心环形缝隙间的流动近似看作平行平板缝隙间的流动，即将环形缝隙沿圆周方向展开，并使缝隙宽度 $b = \pi d$，可得同心环形缝隙的流量公式。

$$q = \frac{\pi d h^3}{12\eta l} \Delta p \pm \frac{\pi d h}{2} v \tag{2-43}$$

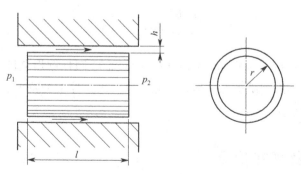

图 2-17 同心环形缝隙流动

式中，当圆柱体移动方向与压差 Δp 方向相同时，取"＋"号；反之取"－"号。如果两柱面无相对运动，$v = 0$，则流量为

$$q = \frac{\pi d h^3}{12 \eta l} \Delta p \tag{2-44}$$

(3) 偏心环形缝隙

液压元件中经常出现偏心环状的情况，例如活塞与油缸不同心时就形成偏心环状间隙。如图 2-18 所示，偏心环状间隙的偏心距为 e，设在任一角度 θ 处的缝隙为 h，因缝隙很低小，$r_1 \approx r_2 = r$，可将微小圆弧 db 所对应的环形缝隙流动视为平行平板缝隙流动。将 $b = r d\theta$，可得微分流量。

$$dq = \frac{r h^3 d\theta}{12 \eta l} \Delta p \pm \frac{r h d\theta}{2} v \tag{2-45}$$

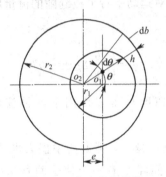

图 2-18 偏心环状缝隙

由图 2-18 中几何关系可知，$h \approx h_0 - e\cos\theta \approx h_0(1 - \varepsilon\cos\theta)$。式中，$h_0$ 为内外圆柱面同心时半径方向的间隙值；ε 为相对偏心率，$\varepsilon = e/h_0$，其最大值 $\varepsilon_{max} = 1$。

对式 (2-45) 积分可得偏心圆柱环形缝隙的流量公式。

$$q = \frac{\pi d h_0^3}{12 \eta l} \Delta p (1 + 1.5\varepsilon^2) \pm \frac{\pi d h_0}{2} v \tag{2-46}$$

式中，"$\pm$" 取法同前。若两圆柱面无相对运动，$v = 0$，则流量为

$$q = \frac{\pi d h_0^3}{12 \eta l} \Delta p (1 + 1.5\varepsilon^2) \tag{2-47}$$

可知，当偏心距 $e = h_0$（即 $\varepsilon_{max} = 1$）时，通过偏心圆柱圆形缝隙的流量（不考虑相对运动时）是通过同心环形缝隙的 2.5 倍，因此，在液压元件中为减小缝隙泄漏量，应采取措施尽量使圆柱配合副处于同心状态。

2.6 液压冲击及气穴现象

2.6.1 液压冲击现象

在液压系统中，由于某些原因引起的液体压力发生急剧交替升降的波动过程称为液

压冲击。出现液压冲击时，液体中的瞬时峰值压力往往比正常工作压力高出几倍，它不仅会损坏密封装置、管道和液压元件，而且会引起振动和噪声；有时使顺序阀、压力断电器等压力控制元件产生误动作，破坏系统的工作循环，降低设备的工作质量或造成设备的损坏。

（1）液压冲击的类型

按发生的原因，液压冲击可分为三种类型。

① 阀门迅速关闭或开启时产生的液压冲击。

② 运动部件制动时产生的液压冲击。

③ 液压元件动作不灵敏时产生的液压冲击。

（2）减小液压冲击的措施

① 尽可能延长换向阀或运动部件的换向制动时间，可采用换向时间可调的换向阀。

② 在容易发生液压冲击的部位采用橡胶软管或设置蓄能器，以吸收冲击压力；也可以在这些部位安装安全阀，以限制压力升高。

③ 适当加大管径，限制管道中的液流速度；尽可能缩短管长，以减小压力冲击波的传播时间；避免不必要的管道弯曲。

④ 在液压元件（如液压缸）中设置缓冲装置。

2.6.2 气穴现象

（1）气穴现象的产生原因和危害

一般液体中都含有一定量的空气，空气可溶解于液体中或以气泡的形式混合在液体中。空气的溶解量与液体的绝对压力成正比，在一个大气压（101325Pa）下，石油型液压油常温时溶解有 6%～12%（体积分数）的空气。在液压系统中，当管道或元件内绝对压力低于所在温度下的空气分离压（小于一个大气压）时，液压油中溶解的气体会快速分离出来并形成气泡的现象，称为气穴现象。气穴现象会破坏液流的连续状态，造成流量和压力的不稳定。

发生气穴现象时，气泡随着液流进入高压区时，体积急剧缩小或溃灭，气泡又凝结成液体，形成局部真空，周围液体质点以极大速度来填补这一空间，使气泡凝结处瞬间局部压力和温度急剧升高，引起强烈振动和噪声，并加速油液的氧化变质。在气泡凝结附近的金属壁面，因反复受到液压冲击与高温作用，以及油液中逸出空气中氧的侵蚀，将产生剥落，或出现海绵状的小洞穴，这种现象称为气蚀。

泵吸入管路连接或密封不严使空气进入管道，回油管高出油面使空气冲入油中而被泵吸入油路以及泵吸油管道阻力过大、流速过高通常是造成气穴的原因。

此外，当油液流经节流部位，流速增高，压力降低，在节流部位前后压力比 $p_1/p_2 \geqslant$ 3.5 时，也会发生节流气穴。

（2）气穴与气蚀的预防措施

气穴现象引起系统的振动，产生冲击、噪声、气蚀而使工作状态恶化。为防止气穴现象的产生，就要防止液压系统中的压力过度降低（多发生在液压泵吸油口和液压阀的阀口处），具体可采取发下措施。

① 限制液压泵吸油口距油箱油面的安装高度，泵吸油口要有足够的管径，过滤器压力损失要小；必要时可将液压泵浸入油箱的油液中或采用倒灌吸油（泵置于油箱下方），以改善吸油条件。

② 减少阀孔或缝隙前后的压差，一般控制阀孔或缝隙前后的压力比 $p_1/p_2 < 3.5$。

③ 提高各元件接合处管道的密封性，防止空气侵入。

④ 提高零件的抗气蚀能力，如采用抗腐蚀能力强的材料，增加零件的机械强度，并减小其表面粗糙度等。

第3章 液压能源元件

液压系统的能源元件是指各类液压泵，其功用是将原动机的机械能转变为液体的压力能，为液压传动系统提供具有一定压力和流量的液体。

3.1 液压泵的工作原理、类型及图形符号

3.1.1 液压泵的工作原理

液压系统中使用的液压泵都是容积式的。现以单柱塞泵为例来说明容积式液压泵的工作原理，如图 3-1 所示为液压泵的工作原理。凸轮 1 旋转时，柱塞 2 在凸轮 1 和弹簧 3 的作用下，在缸体的柱塞孔内左、右往复移动，缸体与柱塞之间构成了容积可变的密封工作腔 4。柱塞向右移动时，工作腔 4 的容积变大，产生真空，油液便通过吸油阀 5 吸入；柱塞 2 向左移动时，密封工作腔 4 的容积变小，已吸入的油液便通过压油阀 6 排到系统中去。在工作过程中，吸油阀 5 和压油阀 6 在逻辑上互逆，不会同时开启。由此可见，泵是靠密封工作腔的容积变化进行工作的。

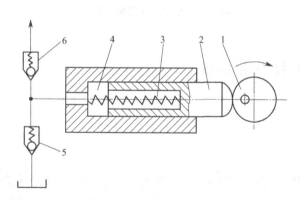

图 3-1 液压泵的工作原理
1—凸轮；2—柱塞；3—弹簧；4—密封工作腔；5—吸油阀；6—压油阀

根据工作腔的容积变化而进行吸油和排油是液压泵的共同特点，因而这种泵又称为容积泵。构成容积泵必须具备以下基本条件。

① 结构上具有能实现密封性能的可变工作容积。

② 工作腔能周而复始地增大和减小；当它增大时与吸油口相通，当它减小时与排油口相通。

③ 具有相应的配油机构，将吸油腔和压油腔隔开，保证泵有规律地吸压液体。配油机构也因液压泵的结构不同而不同，图 3-1 中，单柱塞液压泵的配油机构为吸油阀 5 和压油阀 6。

④ 为保证正常吸油，油箱必须与大气相通或采用密闭的充气油箱。

从容积式液压泵的工作原理可以看出，在不考虑泄漏的情况下，液压泵在每一工作周期中吸入或排出的油液体积只取决于工作构件的几何尺寸，如柱塞泵的柱塞直径和工作行程。

在不考虑泄漏等影响时，液压泵单位时间排出的油液体积与泵密封容积变化频率成正比，也与泵密封容积的变化量成正比；在不考虑液体的压缩性时，液压泵单位时间排出的液体体积与工作压力无关。

3.1.2　液压泵的类型及图形符号

液压泵的类型有很多，按照结构形式的不同，液压泵有齿轮泵、叶片泵和柱塞泵等类型；按其单位时间内所能输出油液体积是否可调节分为定量泵和变量泵；按其输出油液的方向能否改变，又有单向泵和双向泵之分。

常见液压泵的图形符号如图 3-2 所示。

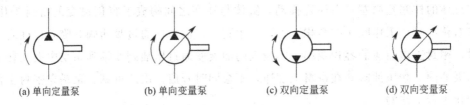

　(a) 单向定量泵　　　　(b) 单向变量泵　　　　(c) 双向定量泵　　　　(d) 双向变量泵

图 3-2　常见液压泵的图形符号图

3.2　液压泵的主要性能参数

3.2.1　压力

(1) 工作压力 p

工作压力是指液压泵实际工作时的出口压力，用 p 表示，单位为 Pa 或 MPa。工作压力是液压泵克服负载阻力所建立起来的压力，工作压力的大小取决于外负载的大小和排油管路上的压力损失，而与液压泵的流量无关。

(2) 额定压力 p_n

液压泵在正常工作条件下，按试验标准规定连续运转所允许的最高压力称为液压泵的额定压力，单位为 Pa 或 MPa。额定压力取决于液压泵零部件的结构强度和密封性，超过此值就是过载。

(3) 最高允许压力 p_{max}

在超过额定压力的条件下，根据试验标准规定，允许液压泵短暂运行的最高压力值称为液压泵的最高允许压力。最高允许压力也取决于液压泵零部件的结构强度和密封性。一般最高允许压力为额定压力的 1.1 倍，超过这个压力液压泵将很快损坏。

3.2.2 排量和流量

(1) 排量 V

在不考虑泄漏的情况下，液压泵主轴每转一转，所排出油液的体积称为排量，其国际标准单位为 m^3/r，常用的单位为 mL/r。排量的大小由密封容积几何尺寸的变化计算而得。

排量可调节的液压泵称为变量泵；排量为常数的液压泵则称为定量泵。

(2) 理论流量 q_t

理论流量是指在不考虑泄漏的情况下，液压泵在单位时间内所排出油液的体积。如果液压泵的排量为 V，其主轴转速为 n，则该液压泵的理论流量 q_t 为

$$q_t = Vn \tag{3-1}$$

(3) 实际流量 q

实际流量是指在具体实际工况下，液压泵在单位时间内所排出油液的体积，单位为 m^3/s。它等于理论流量减去泄漏流量 q_l，即

$$q = q_t - q_l = q_t - k_l p \tag{3-2}$$

式中，k_l 为泵的泄漏系数。

由式(3-2)可知，液压泵的泄漏流量 q_l 随工作压力 p 的增大而增大，所以液压泵的实际流量 q 随工作压力 p 的增大而减小。

(4) 额定流量 q_n

额定流量是指液压泵在额定压力和额定转速下输出的实际流量，单位为 m^3/s。由于泵存在泄漏，所以泵的实际流量 q 和额定流量 q_n 都小于理论流量 q_t。

3.2.3 功率和效率

液压泵是能量转换元件，输入的是机械能，表现为转矩 T 和转速 n；输出的是液体的压力能，表现为液体的压力 p 和流量 q。如果不考虑液压泵在能量转换过程中的能量损失，则输出功率等于输入功率，即理论上输入的机械能被 100% 转换为液体的压力能，用公式表示为

$$P_t = 2\pi T_t n = pq_t \tag{3-3}$$

式中，P_t 为理论功率；T_t 为理论转矩。

实际上，由于液压泵有泄漏和机械摩擦，所以液压泵在能量转换过程中是有能量损失的，输出功率总是小于输入功率。输入功率和输出功率之间的差值为功率损失，功率损失有容积损失和机械损失两部分。输出功率和输入功率之间的比值为总效率，总效率有容积效率和机械效率两部分。

(1) 输入功率 P_i

输入功率是驱动液压泵的机械功率，即实际输入的机械功率。

$$P_i = 2\pi Tn \tag{3-4}$$

式中，T 为驱动液压泵的实际输入转矩；n 为液压泵的主轴转速。

（2）输出功率 P_o

液压泵的输出功率是泵的进、出口压差 Δp 与泵的实际流量 q 的乘积。在实际的计算中，若油箱通大气，则液压泵吸、压油口的压力差 Δp 往往用液压泵出口压力 p 代替，即

$$P_o = pq \tag{3-5}$$

（3）功率损失

如前所述，液压泵的功率损失为输入功率减去输出功率，它包括容积损失和机械损失两部分。容积损失是因泄漏等原因造成的液压泵流量上的损失，容积损失可用容积效率来表征；机械损失是指因摩擦而造成的转矩上的损失，机械损失可用机械效率来表征。

（4）容积效率 η_v

液压泵在工作时，由于存在泄漏，液压泵的实际流量总是小于理论流量。容积效率等于液压泵的实际流量与理论流量的比值，即

$$\eta_v = \frac{q}{q_t} = \frac{q_t - q_1}{q_t} = 1 - \frac{q_1}{q_t} \tag{3-6}$$

由式（3-2）可知，工作压力越大，液压泵的泄漏流量越大，液压泵的容积效率随泄漏流量 q_1 的增大而减小，故液压泵的容积效率随工作压力的增大而减小。

液压泵的容积效率可以用来表征液压泵的容积损失，容积效率越低，说明它因泄漏而引起的容积损失越大。

（5）机械效率 η_m

液压泵在工作时，由于液压泵内流体的黏性和机械摩擦，驱动液压泵的实际输入转矩总是大于理论上需要的转矩。机械效率等于驱动液压泵的理论转矩与实际转矩的比值，即

$$\eta_m = \frac{T_t}{T} \tag{3-7}$$

液压泵的机械效率可以用来表征液压泵的机械损失，机械效率越低，说明它因摩擦而引起的机械损失越大。

（6）总效率 η

液压泵的总效率是实际输出功率与实际输入功率之比。

$$\eta = \frac{P_o}{P_i} \tag{3-8}$$

由式（3-6）～式（3-8）和式（3-3）可以得到

$$\eta = \frac{P_o}{P_i} = \frac{pq}{2\pi Tn} = \frac{pq_t \eta_v}{2\pi \frac{T_t}{\eta_m} n} = \eta_v \eta_m \tag{3-9}$$

式（3-9）说明，液压泵的总效率也等于容积效率和机械效率的乘积。

液压泵的各个参数和压力之间的关系如图3-3所示。

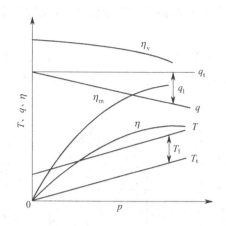

图 3-3　液压泵的各个参数和压力之间的关系

3.3　齿轮泵

　　齿轮泵是以成对齿轮啮合运动完成吸油和压油动作的一种定量液压泵，是液压传动系统中常用的液压泵。在结构上，齿轮泵可分为外啮合式和内啮合式两类，而以外啮合齿轮泵应用最广。下面以外啮合齿轮泵为例来剖析齿轮泵。

3.3.1　齿轮泵的工作原理

（1）工作原理

　　齿轮泵的工作原理如图 3-4 所示。泵体内相互啮合的主、从动齿轮 2 和 3 与两端盖及泵体一起构成许多密封工作腔，齿轮的啮合点将左、右两腔隔开，形成了吸、压油腔，当齿轮按图 3-4 所示方向旋转时，右侧吸油腔内的轮齿脱离啮合，密封工作腔容积不断增大，形成部分真空，油液在大气压力作用下从油箱经吸油管进入吸油腔，并被旋转的轮齿带入左侧的压油腔。左侧压油腔内的轮齿不断进入啮合，使密封工作腔容积减小，油液受到挤压被排往系统中，这就是齿轮泵的吸油和压油过程。齿轮连续运转，泵连续不断地吸油和压油。

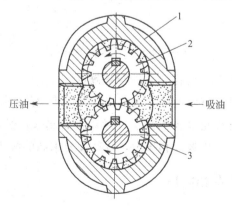

图 3-4　外啮合齿轮泵的工作原理

1—泵体；2—主动齿轮；3—从动齿轮

齿轮啮合点处的齿面接触线将吸油腔和压油腔分开，起到了配油作用，因此不需要单独设置配油装置。

如图 3-5 所示为 CB-B 齿轮泵的结构简图，该齿轮泵广泛应用于机床和工程机械的液压系统，可作为液压系统的动力源，也可作为润滑泵、输油泵使用。

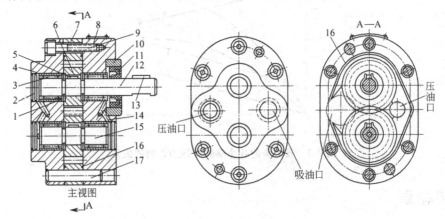

图 3-5　CB-B 齿轮泵的结构

1—轴承外环；2—堵头；3—滚针轴承；4—后泵盖；5—键；6—齿轮；7—泵体；8—前泵盖；9—螺钉；10—压环；

11—密封环；12—主动轴；13—键；14—泄油孔；15—从动轴；16—卸荷槽；17—定位销

（2）齿轮泵的排量和流量计算

齿轮泵的排量 V 相当于一对齿轮所有齿谷容积之和，假如齿谷容积大致等于轮齿的体积，那么齿轮泵的排量等于一个齿轮的齿谷容积和轮齿容积体积的总和，即相当于以有效齿高和齿宽构成的平面所扫过的环形体积，即

$$V = \pi D h B = 2\pi z m^2 B \tag{3-10}$$

式中，D 为齿轮分度圆直径，$D = mz$；h 为有效齿高，$h = 2m$；B 为齿轮宽；m 为齿轮模数；z 为齿数。

实际上齿谷的容积要比轮齿的体积稍大，故式（3-10）中的 π 常以 3.33 代替，则式（3-10）可写成

$$V = 6.66 z m^2 B \tag{3-11}$$

齿轮泵的流量 q 为

$$q = 6.66 z m^2 B n \eta_v \times 10^{-3} \tag{3-12}$$

式中，n 为齿轮泵转速；η_v 为齿轮泵的容积效率。

实际上齿轮泵的输油量是有脉动的，故流量公式所表示的是泵的平均输油量。

理论研究表明，外啮合齿轮泵齿数越少，脉动率就越大，其值最高可达 20% 以上。流量脉动引起压力脉动，随之产生振动和噪声，故精度要求高的液压系统不宜采用齿轮泵。

3.3.2　齿轮泵的结构特点和应用

（1）外啮合齿轮泵的结构特点

① 困油问题。外啮合齿轮泵要连续平稳地工作，齿轮啮合时的重叠系数必须大于 1，即

至少有一对以上的轮齿同时啮合，因此，在工作过程中，就有一部分油液困在两对轮齿啮合时所形成的封闭油腔之内，该封闭油腔又称为困油区，如图3-6所示。这个封闭油腔与泵的高、低压油腔均不相通，其容积的大小随齿轮转动而变化。从图3-6(a)到图3-6(b)，困油区容积逐渐减小；从图3-6(b)到图3-6(c)，困油区容积逐渐增大。如此产生了封闭容积周期性的增大减小。当困油区容积逐渐减小时，受困油液受到挤压而产生瞬间高压，封闭容腔的受困油液若无油道与排油口相通，油液将从缝隙中被挤出，导致油液发热，轴承等零件也受到附加冲击载荷的作用；当困油区容积逐渐增大时，无油液的补充，又会造成局部真空，使溶于油液中的气体分离出来，产生气穴，这就是齿轮泵的困油现象。

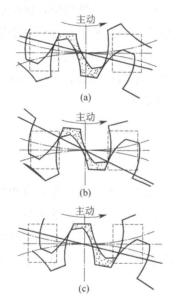

图 3-6　齿轮泵的困油现象

困油现象使齿轮泵产生强烈的噪声，并引起振动和汽蚀，同时降低泵的容积效率，影响泵的工作平稳性和使用寿命。消除困油的方法，通常是在两端盖板上开卸荷槽，如图3-6中的虚线方框。当封闭容积减小时，通过左边的卸荷槽与压油腔相通，而封闭容积增大时，通过右边的卸荷槽与吸油腔通，两卸荷槽的间距必须确保在任何时候都不使吸、排油相通。

②　泄漏问题。以外啮合齿轮泵为例，参见图3-4，其工作时有三个可能产生泄漏的部位：齿轮两侧面和端盖间、泵体内孔和齿轮外圆间以及两个齿轮的齿面啮合处。其中对泄漏影响最大的是齿轮两侧面和端盖间的轴向间隙，因为这里的泄漏面积大，泄漏途径短，其泄漏量可占总泄漏量的75%～80%。轴向间隙越大，泄漏量越大，会使容积效率过低；间隙过小，齿轮端面与泵的端盖间的机械摩擦损失增大，会使泵的机械效率降低。因此普通齿轮泵的容积效率较低，输出压力也不容易提高。

因此，为了实现齿轮泵的高压化，为了提高齿轮泵的压力和容积效率，需要从结构上来采取措施，对端面间隙进行补偿。

③　径向不平衡力问题。在齿轮泵中，油液作用在齿轮外缘的压力是不均匀的，从低压腔到高压腔，压力沿齿轮旋转的方向逐齿递增，因此，齿轮和轴受到径向不平衡力的作用，

工作压力越高，径向不平衡力越大，径向不平衡力很大时，能使泵轴弯曲，泵体内吸油口一侧的齿顶压向泵体，导致泵体内侧被轮齿刮伤，同时也加速轴承的磨损，降低轴承使用寿命。

为了减小径向不平衡力的影响，常采取缩小压油口尺寸的办法，使压油腔的压力仅作用在一个齿到两个齿的范围内，同时，适当增大径向间隙，使齿顶不与泵体内表面产生接触，并在支承上多采用滚针轴承或滑动轴承。有的高压齿轮泵采用在端盖上开设平衡槽的办法来减小径向不平衡力。

（2）性能特点及应用

齿轮泵的优点是结构简单，制造方便，价格低廉，体积小，重量轻，工作可靠，维护方便，自吸能力强，对油液污染不敏感。它的缺点是容积效率低，轴承及齿轮轴上承受的径向载荷大，因而使工作压力的提高受到一定限制。此外，还存在着流量脉动大、噪声较大等不足之处。齿轮泵常用于负载小、功率小的机床设备及机床辅助装置如送料、夹紧等场合，在工作环境较差的工程机械上也广泛应用。

3.4 叶片泵

叶片泵是靠叶片、定子和转子间构成的封闭工作腔容积变化而实现吸油和压油的一类液压泵。根据各封闭工作容积在转子旋转一周吸、压油次数的不同，叶片泵分为单作用叶片泵和双作用叶片泵两类。叶片泵具有结构紧凑、运转平稳、流量脉动小等优点，在工作机械的中高压系统中应用广泛。叶片泵的缺点是结构较复杂、吸油性能较差、对油液污染比较敏感。

3.4.1 单作用叶片泵

（1）工作原理

如图 3-7 所示为单作用叶片泵的工作原理。它由转子 1、定子 2、叶片 3 和端盖等组成，定子 2 具有圆柱形内表面，定子 2 和转子 1 间有偏心距 e。叶片 3 装在转子 1 的

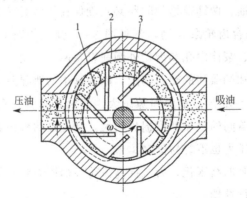

图 3-7 单作用叶片泵的工作原理

1—转子；2—定子；3—叶片

槽中，并可在槽内滑动，当转子 1 转动时，由于离心力的作用，使叶片 3 紧靠在定子 2 内壁，这样在定子、转子、叶片和两侧配油盘间就形成若干个密封的工作腔，当转子 1 按图 3-7 所示的方向转动时，在图的右部，叶片逐渐伸出，叶片间的工作腔容积逐渐增大，从吸油口吸油，这是吸油腔。在图的左部，叶片被定子内壁逐渐压进槽内，工作腔容积逐渐缩小，将油液从压油口压出，这是压油腔。这种叶片泵在转子每转一转时，每个工作腔完成一次吸油和压油，因此称为单作用叶片泵。转子不停地旋转，泵就不断地吸油和压油。

（2）流量计算

单作用叶片泵的实际输出流量用式（3-13）计算

$$q = 2\pi beDn\eta_v \tag{3-13}$$

式中，b 为叶片宽度；e 为转子与定子间的偏心；D 为定子内径；其余符号意义同前。

单作用叶片泵的流量也是脉动的，泵内叶片数越多，流量脉动率越小。此外，奇数叶片泵的脉动率比偶数叶片泵的脉动率小，所以单作用叶片泵的叶片数总取奇数，一般为 13 片或 15 片。

（3）特点及应用

单作用叶片泵的优点是运转平稳、压力脉动小、噪声小、结构紧凑、尺寸小、流量大。其缺点是对油液要求高，如油液中有杂质，则叶片容易卡死；与齿轮泵相比结构较复杂。由于单作用叶片泵的转子受到不平衡的径向液压作用力，故又称为非平衡式泵，单作用叶片泵一般不宜用于高压场合，一般用于专用机床，自动化生产线等中、低压液压系统中。

3.4.2 限压式变量叶片泵

分析图 3-7 的结构原理可知，如果单作用叶片泵的偏心距 e 可调，则可以成为变量泵；同时当偏心距 e 反向时，吸油和压油方向也相反，则成为双向泵。实际生产中的单作用叶片泵多为变量泵。

改变偏心距 e 的方式可分为手动调节变量泵和自动调节变量泵两种。自动调节变量泵又有限压式变量泵、稳流量式变量泵和恒压式变量泵等多种形式，其中限压式变量叶片泵的应用较普遍。限压式变量叶片泵又分为外反馈式和内反馈式两种。下面介绍外反馈限压式变量叶片泵。

（1）工作原理

限压式变量叶片泵是单作用叶片泵，根据单作用叶片泵的工作原理，改变定子和转子间的偏心距 e，就能改变泵的输出流量，限压式变量叶片泵能借助输出压力的大小自动改变偏心距 e 的大小来改变输出流量。当压力低于某一可调节的限定压力时，泵的输出流量最大；压力高于限定压力时，随着压力增加，泵的输出流量线性地减少。

外反馈限压式变量叶片泵的工作原理如图 3-8 所示。它能根据外负载（泵出口压力）的大小自动调节泵的排量。图 3-8 中转子 1 的中心 O 是固定不动的，定子 3（其中心为 O_1）可沿滑块滚针支承 4 左右移动。定子右边有反馈柱塞 5，它的油腔与泵的压油腔相通。设反馈柱塞5的受压面积为 A，则作用在定子3上的反馈力 pA 小于作用在定子上的弹簧力 F_s 时，弹簧2把定子推向最右边，反馈柱塞5和流量调节螺钉6用以调节泵的原始偏心，进而调节最大流量，当反馈柱塞5和流量调节螺钉6相接触时，偏心达到预调值 e_0，泵的输出流量最大。

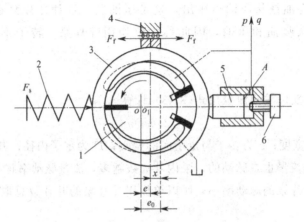

图 3-8　外反馈限压式变量叶片泵的工作原理
1—转子；2—弹簧；3—定子；4—滑块滚针支承；5—反馈柱塞；6—流量调节螺钉

当泵的压力升高到 $pA > F_s$ 时，反馈力克服弹簧预紧力，推动定子左移 x 距离，偏心减小，泵输出流量随之减小。泵出口压力越高，偏心越小，输出流量也越小。当压力达到使泵的偏心所产生的流量全部用于补偿泄漏时，泵的输出流量为零，不管外负载再怎样加大，泵的输出压力也不会再升高，所以这种泵被称为限压式变量叶片泵。外反馈的意义表示反馈力是通过柱塞从外面加到定子上的。

（2）流量-压力特性

外反馈限压式变量叶片泵的静态流量-压力曲线如图 3-9 所示，不变量的 AB 段就像定量泵一样，压力增加时，实际输出流量因泄漏量增加减少；BC 段是泵的变量段，这一区段内泵的实际流量随着压力增大而迅速下降，叶片泵处于变量泵工况，B 点叫作曲线的拐点，拐点处的压力值主要由弹簧预紧力确定。

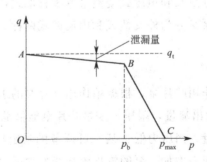

图 3-9　外反馈限压式变量叶片泵的流量-压力特性曲线

图 3-8 中，通过调节弹簧2的预紧力可以改变 x_0，便可改变 p_b 和 p_{max} 的值，这时图3-9中 BC 段左右平移。调节右端的流量调节螺钉6，便可改变 e_0，从而改变最大流量的大

小，此时图 3-9 中的 AB 段上下平移，但 BC 段不会左右平移，而 p_b 值则稍有变化。如把弹簧 2 更换成不同刚度的弹簧，则可改变 BC 段的斜率，弹簧越"软"，BC 段越陡，p_{max} 值越小；反之，弹簧越"硬"，BC 段越平坦，p_{max} 值越大。

外反馈限压式变量叶片泵对既要实现快速运动，又要实现保压和工作进给的执行元件来说是一种合适的液压源；快速运动需要大的流量，负载压力较低，正好使用其 AB 段曲线部分；保压和工作进给时负载压力升高，需要流量减小，正好使用其 BC 段曲线部分。

（3）特点及应用

与定量叶片泵相比，限压式变量叶片泵结构复杂，做相对运动的机件多，泄漏较大，轴上受有不平衡的径向液压力，噪声较大，容积效率和机械效率都没有定量叶片泵高；但是，它能按负载压力自动调节流量，在功率使用上较为合理。限压式变量叶片泵在中、低压液压系统中应用较多，采用这种变量泵，可以省去溢流阀，并减少油液发热，从而减小油箱的尺寸，使液压系统比较紧凑。在机床液压系统中被广泛采用。

3.4.3 双作用叶片泵

（1）工作原理

双作用叶片泵的结构原理如图 3-10 所示，它的工作原理与单作用叶片泵相似，也是由定子 1、转子 2、叶片 3 和配油盘等组成，不同之处在于双作用叶片泵的转子 2 和定子 1 的中心是重合的，且定子 1 内表面近似为椭圆形，该椭圆形由两段长半径 R、两段短半径 r 和四段过渡曲线所组成。

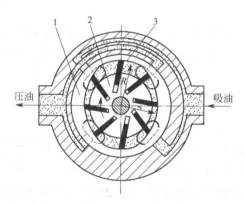

图 3-10 双作用叶片泵的工作原理
1—定子；2—转子；3—叶片

当转子 2 转动时，叶片在离心力和根部压力油的作用下，在转子槽内进行径向移动而压向定子内表面，由相邻叶片、定子的内表面、转子的外表面和两侧配油盘间形成若干个封闭空间，当转子按图 3-10 所示方向旋转时，处在小圆弧上的封闭空间经过渡曲线而运动到大圆弧的过程中，叶片外伸，密封空间的容积增大，吸入油液；再从大圆弧经过渡曲线运动到小圆弧的过程中，叶片被定子内壁逐渐压进槽内，密封空间容积变小，将油液从压油口压出。

对于双作用叶片泵，转子每转一转，每个封闭空间要完成两次吸油和两次压油，所以称为双作用叶片泵，这种叶片泵由于有两个吸油腔和两个压油腔，并且各自的中心夹角是对称的，所以作用在转子上的油液压力相互平衡，因此双作用叶片泵又称为平衡式叶片泵，为了使径向力完全平衡，密封空间数（即叶片数）一般是双数。

（2）流量计算

由图 3-10 可知，当叶片每伸缩一次时，每相邻叶片间油液的排出量等于长半径圆弧段的容积与短半径圆弧段的容积之差。若叶片数为 z，则每转排油量等于上述容积差的 $2z$ 倍，则双作用叶片泵的实际输出流量公式为

$$q = Vn\eta_v = 2b \left[\pi(R^2 - r^2) - \frac{R-r}{\cos\theta}sz \right] n\eta_v \tag{3-14}$$

式中，b 为叶片宽度；R 和 r 分别为定子圆弧部分的长短半径；θ 为叶片的安放角；s 为叶片厚度；z 为叶片数；其余符号意义同前。

双作用叶片泵的流量脉动较小。流量脉动率在叶片数为 4 的倍数且大于 8 时最小，故双作用叶片泵一般叶片数为 12 片或 16 片。

（3）特点及应用

由于双作用叶片泵的压油口对称分布，所以不仅作用在转子上的径向力是平衡力，而且运转平稳、输油量均匀、噪声小，因此在各类机床设备中得到广泛应用，尤其在注塑机、运输装卸机械、液压机和工程机械中得到很广泛的应用。

3.5 柱塞泵

柱塞泵是靠柱塞在缸体中做往复运动造成封闭容积的变化来实现吸油与压油的液压泵。柱塞泵按柱塞的排列和运动方向不同，可分为轴向柱塞泵和径向柱塞泵两大类。

3.5.1 轴向柱塞泵

（1）工作原理

轴向柱塞泵是将多个柱塞配置在一个共同缸体的圆周上，并使柱塞中心线和缸体中心线平行的一种泵。轴向柱塞泵有两种形式：斜盘式和斜轴式。

如图 3-11 所示为斜盘式轴向柱塞泵的工作原理。这种泵主要由缸体 1、配油盘 2、柱塞 3 和斜盘 4 等组成。柱塞沿圆周均匀分布在缸体内。斜盘轴线与缸体轴线倾斜一个角度 γ，柱塞靠机械装置或在低压油作用下压紧在斜盘上（图中为弹簧），配油盘 2 和斜盘 4 固定不转，当原动机通过传动轴 5 使缸体 1 转动时，由于斜盘和弹簧的作用，柱塞在缸体内做往复运动，并通过配油盘的配油口进行吸油和压油。如图 3-11 中所示回转方向，缸体转角在 $\pi \sim 2\pi$ 范围内，柱塞向外伸出，柱塞底部的封闭工作腔容积增大，通过配油盘的吸油口吸油；在 $0 \sim \pi$ 范围内，柱塞被斜盘推入缸体，使封闭容积减小，通过配油盘的压油口压油。缸体每转一转，每个柱塞各完成吸、压油各一次。如果改变斜盘倾角 γ，就能改变柱塞行程的长度，即可以改变液压泵的排量；如果改变斜盘倾角方向，就能改变吸油和压油的方向，即成为双向变量泵。

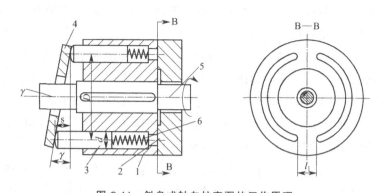

图 3-11　斜盘式轴向柱塞泵的工作原理

1—缸体；2—配油盘；3—柱塞；4—斜盘；5—传动轴；6—弹簧

（2）流量计算

图 3-11 中，轴向柱塞泵的实际输出流量用式（3-26）计算。

$$q = Vn\eta_v = \frac{1}{4}\pi d^2 Dzntg\gamma\eta_v \tag{3-15}$$

式中，z 为柱塞数；d 为柱塞直径；D 为柱塞分布圆直径；γ 为斜盘轴线与缸体轴线间的夹角；其余符号意义同前。

实际上，柱塞泵的输出流量也是脉动的，当柱塞数为单数时，脉动较小，因此一般常用的柱塞数视流量的大小，取 7 个、9 个或 11 个。

（3）结构要点

① 摩擦副结构。斜盘式轴向柱塞泵有三对典型摩擦副：柱塞头部与斜盘；柱塞与缸体孔；缸体端面与配油盘。由于组成这些摩擦副的关键零件均处于高相对速度、高接触比压的摩擦工况。它们的摩擦、磨损情况直接影响泵的容积效率、机械效率、工作压力高低以及使用寿命。

在斜盘式轴向柱塞泵中，若各柱塞以球形头部直接接触斜盘而滑动，由于柱塞球头与斜盘平面理论上为点接触，因而接触应力大，极易磨损。一般轴向柱塞泵都在柱塞头部装一个滑靴，如图 3-12 所示，滑靴是按静压轴承原理设计的，缸体中的压力油经过柱塞球头中间小孔流入滑靴油室，使滑靴和斜盘间形成液体润滑，改善了柱塞头部和斜盘的接触情况，有利于提高轴向柱塞泵的压力和其他参数，使其在高压、高速下工作。

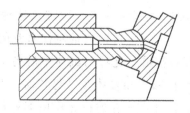

图 3-12　滑靴的静压支承原理

② 变量控制机构。在斜盘式轴向柱塞泵中，变量控制机构就是用来调节变量柱塞泵斜

盘倾角的机构，变量控制机构有手动控制、液压控制、电气控制等多种类型。这里以手动伺服变量机构为例说明变量机构的工作原理。

如图 3-13 是手动伺服变量机构简图，该机构由缸筒 1、活塞 2、伺服阀 3 和斜盘 4 组成。活塞 2 的内腔构成了伺服阀的阀体，并有 c、d 和 e 三个孔道分别沟通缸筒 1 下腔 a、上腔 b 和油箱。泵上的斜盘 4 通过适当的机构与活塞 2 下端铰接，利用活塞 2 的上下移动来改变斜盘倾角。当用手柄使伺服阀芯 3 向下移动时，上面的阀口打开，a 腔中的压力油经孔道 c 通向 b 腔，活塞因上腔有效面积大于下腔有效面积而向下移动，活塞 2 移动时又使伺服阀上的阀口关闭，最终使活塞 2 自身停止运动。同理，当手柄使伺服阀 3 向上移动时，下面的阀口打开，b 腔经孔道 d 和 e 接通油箱，活塞 2 在 a 腔压力油的作用下向上移动，并在该阀口关闭时自行停止运动。变量控制机构就是这样依照伺服阀的动作来实现其控制的。

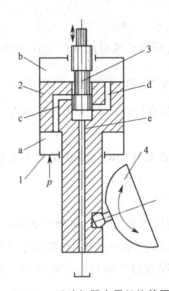

图 3-13　手动伺服变量机构简图
1—缸筒；2—活塞；3—伺服阀；4—斜盘；a—缸筒下腔；b—缸筒上腔；c、d、e—孔道

（4）特点及应用

轴向柱塞泵的优点是结构紧凑，径向尺寸小，惯性小，容积效率高，目前最高压力可达 40.0MPa，甚至更高，一般用于工程机械、压力机等高压系统中，但其轴向尺寸较大，轴向作用力也较大，结构比较复杂。

（5）斜轴式轴向柱塞泵简介

如图 3-14 所示为斜轴式轴向柱塞泵的工作原理，这种泵主要由缸体 3、配油盘 5、柱塞 4、连杆 2 和中心连杆 6 等组成。斜轴式轴向柱塞泵的缸体轴线相对传动轴轴线成一个倾角 γ，传动轴端部用万向铰链、连杆与缸体中的各个柱塞相铰接，当传动轴转动时，通过万向铰链、连杆 2 使柱塞 4 和缸体 3 一起转动，并迫使柱塞 4 在缸体 3 中做往复运动，当柱塞 4 在吸油区时，柱塞 4 在连杆 2 作用下外伸，密封容积增大，形成局部真空，通过配油盘 5 上的吸油槽吸油，当柱塞 4 通过密封区后，进入压油区，在连杆 2 作用下缩回时，密封容积减小，油液被挤压，压力增大，通过配油盘 5 上的压油槽

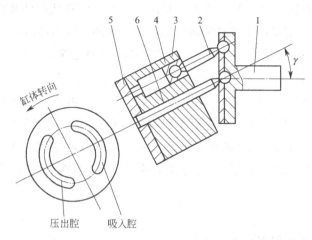

图 3-14 斜轴式轴向柱塞泵的工作原理

1—传动轴；2—连杆；3—缸体；4—柱塞；5—配油盘；6—中心连杆

排油。

由于传动轴中心线和缸体中心线存在夹角 γ，因此称为斜轴式轴向柱塞泵；因为通过改变缸体倾角 γ 来改变泵的排量，所有又称为摆缸式轴向柱塞泵。

斜轴式轴向柱塞泵的缸体每转一转，每个柱塞各完成吸、压油一次。如果改变缸体的倾角 γ 角度大小，就能改变柱塞行程的长度，即改变液压泵的排量；改变缸体的倾角方向，就能改变吸油和压油的方向，即成为双向变量泵。

3.5.2 径向柱塞泵

（1）工作原理

径向柱塞泵的工作原理如图 3-15 所示，柱塞 1 径向排列装在缸体 2 中，缸体由原动机带动连同柱塞 1 一起旋转，所以缸体 2 一般称为转子，柱塞 1 在离心力（或在低压油）的作用下抵紧定子 4 的内壁，当转子按图 3-15 所示方向旋转时，由于定子和转子之间有偏心距 e，柱塞绕经上半周时向外伸出，柱塞底部的容积逐渐增大，形成部分真空，因此便经过衬

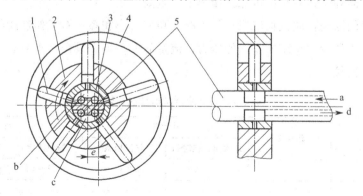

图 3-15 径向柱塞泵的工作原理

1—柱塞；2—缸体；3—衬套；4—定子；5—配油轴

套 3（衬套 3 是压紧在转子内，并和转子一起回转）上的油孔从配油孔 5 和吸油口 b 吸油；当柱塞转到下半周时，定子内壁将柱塞向里推，柱塞底部的容积逐渐减小，向配油轴的压油口 c 压油，当转子回转一转时，每个柱塞底部的封闭容积完成一次吸、压油，转子连续运转，即完成吸压油工作。

图 3-15 中，配油轴固定不动，油液从配油轴上半部的两个孔 a 流入，从下半部两个油孔 d 压出，为了进行配油，配油轴在和衬套 3 接触的一段加工出上下两个缺口，形成吸油口 b 和压油口 c，留下的部分形成封油区。封油区的宽度应能封住衬套上的吸油孔和压油孔，以防吸油口和压油口相连通，但尺寸也不能大得太多，以免产生困油现象。

（2）流量计算

径向柱塞泵的实际输出流量为

$$q = V n \eta_v = \frac{\pi}{2} d^2 e z n \eta_v \tag{3-16}$$

式中，e 为转子和定子间的偏心距；d 为柱塞直径；z 为柱塞数量，其余符号意义同前。当偏心距 e 不可调时为定量泵；当偏心距 e 可调时即为变量泵。通过改变偏心距 e 的方向，吸、压油方向也发生改变。

（3）特点及应用

径向柱塞泵的径向尺寸大，转动惯量大，自吸能力差，且配流轴受到径向不平衡液压力的作用，易于磨损，这些都限制了其转速和压力的提高，故应用范围较小。径向柱塞泵常用于 10MPa 以上的各类液压系统中，如拉床、压力机或船舶等大功率系统。

3.6 各类液压泵的性能比较及选择

液压泵是液压系统的动力元件，其作用是供给系统一定流量和压力的油液，因此也是液压系统的核心元件。合理选择液压泵对于降低液压系统的能耗、提高系统的效率、降低噪声、改善工作性能和保证系统的可靠工作都十分重要。

选择液压泵的原则：应根据液压机的工况、功率大小和系统对工作性能的要求，首先确定泵的结构类型，然后按系统所要求的压力、流量的大小确定其规格型号。表 3-1 列出了各类液压泵的性能比较。

表 3-1   各类液压泵的性能比较

类型 性能参数	齿轮泵	叶片泵		柱塞泵	
		单作用式（变量）	双作用式	轴向柱塞式	径向柱塞式
压力范围/MPa	2～21	2.5～6.3	6.3～21	21～40	10～20
排量范围/（mL/r）	0.3～650	1～320	0.5～480	0.2～3600	20～720
转速范围/（r/min）	300～7000	500～2000	500～4000	600～6000	700～1800
容积效率/%	70～95	85～92	80～94	88～93	80～90

续表

性能参数 \ 类型	齿轮泵	叶片泵		柱塞泵	
		单作用式(变量)	双作用式	轴向柱塞式	径向柱塞式
总效率/%	63～87	71～85	65～82	81～88	81～83
流量脉动/%	1～27			1～5	<2
功率质量比/(kW/kg)	中	小	中	中 大	小
噪声	稍高	中	中	大	中
耐污能力	中等	中	中	中	中
价格	最低	中	中低	高	高
应用	一般常用于机床液压系统及低压大流量的一些系统或控制系统。中高压的齿轮泵常用于工程机械、航空、造船等方面	在中、低压液压系统中用得较多,常用于精密机床及一些功率较大的设备上,如高精度平磨、塑料机械等,组合机床液压系统中用得很多	在各类机床设备中得到了广发应用,在注塑机、运输装卸机械、液压机和工程机械中得到了广泛应用	在各类高压系统中应用非常广泛,如冶金、锻压、矿山、起重机械、工程机械、造船等方面	多用在 10MPa 以上的各类液压系统中,由于体积大,重量大,耐冲击性好,故常用于固定设备如拉床、压力机或船舶等方面

　　一般来说,各种类型的液压泵由于其结构原理、运转方式和性能特点各有不同,因此应根据不同的用途选择合适的液压泵。一般在负载小、功率小的机械设备中,选择齿轮泵、双作用叶片泵;精度较高的机械设备(如磨床),选择双作用叶片泵;对于负载较大并有快速和慢速工作的机械设备(如组合机床),选择限压式变量叶片泵;对于负载大、功率大的设备(如龙门刨、拉床等),选择柱塞泵;一般不太重要的液压系统(机床辅助装置中的送料、夹紧等),选择齿轮泵。合理选择液压泵对于降低液压系统的消耗和提高液压系统的工作效率、降低噪声、改善性能和保证液压系统的工作都很重要。

第4章 液压执行元件

液压执行元件包括液压缸和液压马达，其功能是将液体的压力能转换为机械能并驱动负载做功。

4.1 液压缸

液压缸是液压系统中常用的一种执行元件，其功能是将液体的压力能转换为往复直线运动的机械能。液压缸输入的是油液的压力和流量，输出的是直线运动的推力和速度。

4.1.1 液压缸的类型

液压缸有多种分类形式，按其结构特点，可以分为活塞缸、柱塞缸、摆动缸三类；按作用方式又可分为单作用式和双作用式两种。液压缸除了单个使用外，还可以组合起来或和其他机构相结合，以实现特殊的功能，比较典型的有增压缸、伸缩缸、齿轮缸等。

液压缸的图形符号见表 4-1。

表 4-1　液压缸的图形符号

类型	活塞式液压缸		柱塞缸	组合缸	
	双杆活塞式液压缸	单杆活塞式液压缸		增压缸	双作用伸缩缸
图形符号				A　　　　　B	

4.1.2 活塞式液压缸

活塞式液压缸根据其使用要求不同可分为双杆式和单杆式两种。

(1) 双杆活塞式液压缸

活塞两端都有活塞杆伸出的液压缸称为双杆活塞式液压缸，根据安装方式不同可分为缸筒固定和活塞杆固定两种。

如图 4-1(a) 所示为缸筒固定的双杆活塞式液压缸。它的进、出口布置在缸筒两端，活塞通过活塞杆带动工作部件移动，当活塞的有效行程为 L 时，整个工作部件的运动范围为 $3L$，所以占地面积大，一般适用于小型设备。

如图 4-1(b) 所示为活塞杆固定式的双杆活塞式液压缸，这时缸筒与工作部件相连，活塞杆通过支架固定在设备上，动力由缸筒传出。这种安装形式中，工作部件的移动范围只等于液压缸有效行程 L 的 2 倍（$2L$），因此占地面积小，常用于工作部件行程较长的大型设备。用这种方式安装时进、出油口可以设置在固定不动的空心的活塞杆的两端。

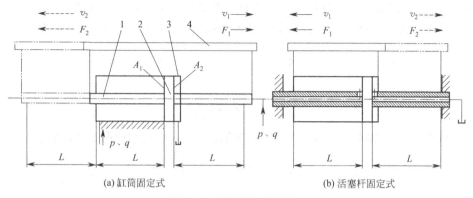

图 4-1 双杆活塞式液压缸

1—活塞杆；2—活塞；3—缸筒；4—工作部件

由于双杆活塞缸两端的活塞杆直径通常是相等的，因此它左、右两腔的有效面积也相等，当分别向左、右腔输入相同压力和相同流量的油液时，液压缸左、右两个方向的推力和速度相等。图 4-1 中，双杆活塞缸输出的推力和速度值为

$$F=(p_1-p_2)A\eta_{\mathrm{m}}=(p_1-p_2)\frac{\pi}{4}(D^2-d^2)\eta_{\mathrm{m}} \tag{4-1}$$

$$v=\frac{q}{A}\eta_{\mathrm{v}}=\frac{4q\eta_{\mathrm{v}}}{\pi(D^2-d^2)} \tag{4-2}$$

式中，A 为活塞的有效工作面积；D、d 为活塞、活塞杆直径；q 为液压缸的输入流量；p_1 为液压缸的进口压力；p_2 为液压缸的出口压力；η_{m} 和 η_{v} 分别为液压缸的机械效率及容积效率。

双杆活塞缸常用于要求往返运动速度相同的场合，例如机床工作台双向运动的负载和速度要求基本相同，选用双活塞杆式液压缸可以满足这一要求。

（2）单杆活塞式液压缸

如图 4-2 所示为单杆活塞式液压缸的工作原理，活塞只有一端带活塞杆，单杆活塞式液压缸也有缸筒固定和活塞杆固定两种形式，但它们的工作部件移动范围都是活塞有效行程的 2 倍。

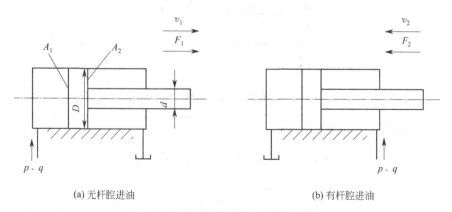

图 4-2 单杆活塞式液压缸的工作原理

由于单杆活塞式液压缸两腔的有效工作面积不等，因此不同的油腔进油时它在两个方向

上输出的推力和速度也不等。实际应用中单杆活塞式液压缸有以下三种情况。

① 无杆腔进油。如图4-2（a）所示，活塞的推力 F_1 和运动速度 v_1 分别为

$$F_1=(p_1A_1-p_2A_2)\eta_m=\frac{\pi}{4}[(p_1-p_2)D^2+p_2d^2]\eta_m \tag{4-3}$$

$$v_1=\frac{q}{A_1}\eta_v=\frac{4q\eta_v}{\pi D^2} \tag{4-4}$$

② 有杆腔进油。如图4-2（b）所示，活塞的推力 F_2 和运动速度 v_2 分别为

$$F_2=(p_1A_2-p_2A_1)\eta_m=\frac{\pi}{4}[(p_1-p_2)D^2-p_1d^2]\eta_m \tag{4-5}$$

$$v_2=\frac{q}{A_2}\eta_v=\frac{4q\eta_v}{\pi(D^2-d^2)} \tag{4-6}$$

比较式(4-3)和式(4-5)、式(4-4)和式(4-6)可知，当活塞杆伸出时，推力较大，速度较小；当活塞杆缩回时，推力较小，速度较大。因为有这个特性，所以单杆活塞缸常常被用作机床上的工作进给和快速退回。

③ 差动连接　单杆活塞液压缸在其左右两腔同时都接通高压油时称为差动连接，作差动连接的液压缸称为差动缸，如图4-3所示。差动缸左右两腔的油液压力相同，但是由于左腔的有效作用面积大于右腔的有效作用面积，故活塞向右运动，同时使右腔中排出的油液 q_2 也进入左腔，加大了流入左腔的流量（$q_1=q+q_2$），从而也加快了活塞移动的速度。差动连接时液压缸的推力比非差动连接时小，速度比非差动连接时大，正好利用这一点，可使在不加大油源流量的情况下得到较快的运动速度，这种连接方式被广泛应用于组合机床的液压动力系统和其他机械设备的快速运动中。

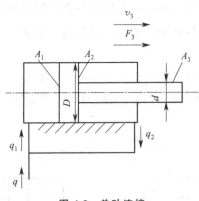

图 4-3　差动连接

差动缸输出的推力 F_3 和速度 v_3 分别为

$$F_3=p_1(A_1-A_2)\eta_m=p_1\frac{\pi}{4}d^2\eta_m \tag{4-7}$$

$$v_3=\frac{q\eta_v}{\frac{\pi d^2}{4}}=\frac{q\eta_v}{A_1-A_2}=\frac{4q\eta_v}{\pi d^2} \tag{4-8}$$

采用差动连接的增速回路，不需要增加液压泵的输出流量，简单经济，但只能实现一个

运动方向的增速，且增速比受液压缸两腔有效工作面积的限制。使用时要注意换向阀和油管通道应按差动时的较大流量选择，否则流动液阻过大，可能使溢流阀在快进时打开，减慢速度，甚至起不到差动作用。

4.1.3 柱塞式液压缸

柱塞式液压缸分为单柱塞式液压缸和双柱塞式液压缸。

(1) 单柱塞式液压缸

单柱塞式液压缸是一种单作用式液压缸，其工作原理如图 4-4 所示，单柱塞式液压缸主要由缸体2、柱塞1等主要部件组成，柱塞1与工作部件连接，缸体2固定在设备上，压力油进入缸体2时，推动柱塞1带动工作部件向右运动。柱塞1向左运动则需要借助外力或自重驱动。

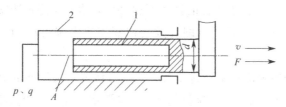

图 4-4 单柱塞式液压缸的工作原理

1—柱塞；2—缸体

单柱塞式液压缸输出的推力和速度分别为

$$F = pA\eta_m = p\frac{\pi}{4}d^2\eta_m \tag{4-9}$$

$$v = \frac{q\eta_v}{A} = \frac{4q\eta_v}{\pi d^2} \tag{4-10}$$

式中，p、q 为油液的压力、流量；d 为柱塞的有效作用面积；其余符号意义同前。

单柱塞式液压缸中的柱塞和缸体不接触，运动时由缸盖上的导向套来导向，因此缸体的内壁不需要精加工，它特别适用于行程较长的场合。柱塞是端部受压，为保证柱塞缸有足够的推力和稳定性，柱塞一般较粗，重量较大，水平安装时易产生单边磨损，故柱塞缸宜垂直安装。水平安装使用时，为减轻重量和提高稳定性，而用无缝钢管制成柱塞。柱塞式液压缸常用于长行程机床，如龙门刨、导轨磨、大型拉床、冶金炉等设备中。

(2) 双柱塞式液压缸

单柱塞式液压缸只能实现一个方向的液压传动，反向运动要靠外力。若需要实现双向运动，则必须成对使用，组成双柱塞式液压缸，如图 4-5 所示。它相当于将两个单柱塞式液压缸背向并联在一起，将两个柱塞的伸出端刚性固联在一起，当其中一个柱塞伸出时，带动另一个柱塞缩回。这样就可以实现双向运动。

4.1.4 其他液压缸

(1) 伸缩式液压缸

伸缩式液压缸由两个或多个活塞缸套装而成，前一级活塞缸的活塞杆内孔是后一级活塞

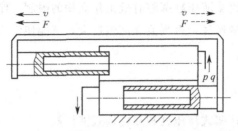

图 4-5　双柱塞式液压缸的工作原理

缸的缸筒。伸缩式液压缸可以是单作用式，也可以是双作用式，前者靠外力回程，后者靠液压回程。

伸缩式液压缸的外伸动作是逐级进行的。首先是最大直径的缸筒以最低的油液压力开始外伸，当到达行程终点后，稍小直径的缸筒开始外伸，直径最小的末级最后伸出。随着工作级数变大，外伸缸筒直径越来越小（即有效工作面积逐次减小），工作油液压力随之升高，工作速度变快。

如图 4-6 所示为伸缩式液压缸结构示意，它由二级或多级活塞缸套组合而成，主要组成零件有一级缸筒 1、一级活塞 2、二级缸筒 3、二级活塞 4 等。一级缸筒 1 两端有进、出油口 A 和 B。当 A 口进油，B 口回油时，先推动一级活塞 2 向右运动，由于一级活塞的有效作用面积大，所以运动速度低而推力大。一级活塞右行至终点时，二级活塞 4 在压力油的作用下继续向右运动，因其有效作用面积小，所以运动速度快，但推力小。一级活塞 2 既是活塞，又是二级活塞的缸体，有双重作用。若 B 口进油，A 口回油，则二级活塞 4 先退回至终点，然后一级活塞 2 才退回。

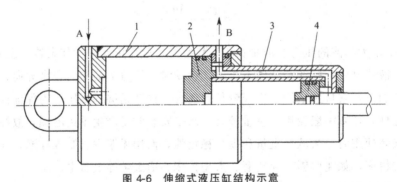

图 4-6　伸缩式液压缸结构示意

1——级缸筒；2——级活塞；3—二级缸筒；4—二级活塞

伸缩式液压缸的特点是活塞杆伸出的行程长，收缩后的结构尺寸小，适用于翻斗汽车、起重机的伸缩臂等。

（2）齿轮齿条液压缸

齿轮齿条液压缸由两个柱塞缸和一套齿轮齿条传动装置组成，如图 4-7 所示。柱塞的移动经齿轮齿条传动装置变成齿轮的转动，实现工作部件的往复摆动或间歇进给运动。

齿轮齿条液压缸的最大特点是将直线运动转换为回转运动，其结构简单，制造容易，常用于机械手和磨床的进刀机构、组合机床的回转工作台或分度机构、回转夹具及自动线的转

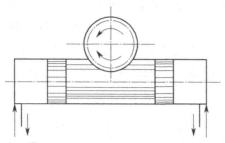

图 4-7 齿轮齿条液压缸的结构及工作原理

位机构等。

(3) 增压缸

增压缸由活塞缸和柱塞缸串联而成,如图 4-8 所示。增压缸的活塞杆同时也是柱塞缸的柱塞,利用活塞和柱塞有效面积的不同使液压系统中的局部区域获得高压。如活塞的直径为 D,活塞杆的直径为 d,活塞缸的左腔输入油液压力为 p_1,柱塞缸输出油液压力为 p_2,活塞及活塞杆的左右两端受力相等,有

$$p_1 \frac{\pi}{4} D^2 = p_2 \frac{\pi}{4} d^2 \tag{4-11}$$

即

$$p_2 = \left(\frac{D}{d}\right)^2 p_1 \tag{4-12}$$

由式(4-12)可知,活塞直径 D 与活塞杆直径 d 的尺寸相差越大,则增压效果越大。这类液压缸常用在某一支路上需要较高压力的场合。

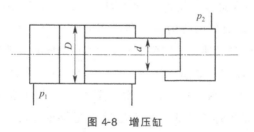

图 4-8 增压缸

4.1.5 液压缸的组成

(1) 典型结构

液压缸的结构形式很多,这里以一种典型液压缸为例,说明液压缸的基本结构组成。

如图 4-9 所示为空心双杆活塞式液压缸的结构,其安装形式为活塞杆固定,缸筒和工作台固联在一起。液压缸的左右两腔是通过径向孔 a、c,经空心活塞杆 1 和 15 的中心孔与油口 b 和 d 相通的。空心活塞杆 1 和 15 固定在床身上,缸筒 10 与工作台固联在一起,当油口 d 接通压力油时,压力油经活塞杆 15 的中心孔及径向孔 c 进入液压缸右腔,左腔的油液经径向孔 a 和空心活塞杆 1 的中心孔回油,此时缸筒向右移动,反之缸筒则向左移动。缸盖 18 和 24 通过螺钉与压板 11 和 20 相连,左缸盖 24 空套在托架 3 的孔内,可以自由伸缩。空

心活塞杆 1 和 15 的一端用堵头堵死，并通过锥销 9 和 22 与活塞 8 相连。缸筒相对于活塞运动由左、右两个导向套 6 和 19 导向。活塞和缸筒之间、缸盖和活塞杆之间以及缸盖和缸筒之间分别用密封圈进行密封，以防止油液的内外泄漏。缸筒在接近行程的左右终端时，径向孔 a 和 c 的开口逐渐减小，对工作台起制动作用。为了排除液压缸中的空气，缸盖上设置有排气孔 5 和 14。

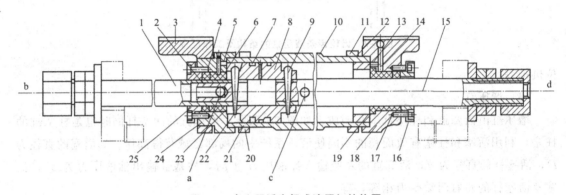

图 4-9　空心双活塞杆式液压缸结构图

1，15—空心活塞杆；2—堵头；3—托架；4，7，17—密封圈；5，14—排气孔；6，19—导向套；8—活塞；9，22—锥销；10—缸筒；11，20—压板；12，21—钢丝环；13，23—纸垫；16，25—压盖；18，24—缸盖

（2）液压缸的组成

液压缸的结构可以概括为缸筒和缸盖、活塞和活塞杆、密封装置、缓冲装置和排气装置。其中缓冲装置和排气装置视具体应用场合而定，其余几种装置则是任何液压缸上都不可缺少的。

① 缸筒和缸盖。缸筒和缸盖承受油液的压力，因此要有足够的强度、刚度、较高的表面精度和可靠的密封性，其具体的结构形式和使用的材料有关。工作压力小于 10MPa 时可使用铸铁；小于 20MPa 时可使用无缝钢管；大于 20MPa 时可使用铸钢或锻钢。

缸筒和缸盖的常见连接方式如图 4-10 所示。从加工的工艺性、外形尺寸和拆装是否方便不难看出各种连接的特点。图 4-10（a）是法兰连接式，加工和拆装都很方便，只是外形尺寸大些。图 4-10（b）是半环连接式，要求缸筒有足够的壁厚。图 4-10（c）是螺纹连接式，外形尺寸小，但拆装不方便，要用专用工具。图 4-10（d）是拉杆连接式，拆装容易，但外形尺寸大。图 4-10（e）是焊接连接式，结构简单，尺寸小，但可能会因焊接产生热变形。

② 活塞和活塞杆。活塞通常是用铸铁制成的，活塞杆通常用钢料制成。活塞和活塞杆的连接方式有整体式连接、螺纹式连接、半环式连接和锥销式连接。整体式结构简单、轴向尺寸紧凑，使用可靠，但损坏后需要整体更换，只适用于尺寸较小的场合。活塞和活塞杆组件如图 4-11 所示。螺纹式连接结构简单，拆装方便，但要防止螺母脱落。半环式连接结构复杂，拆装不便，但工作可靠。锥销式连接工艺性好，但承载能力小。可根据工作压力、安装方式及工作条件选择具体的连接方式。

③ 密封装置。液压缸的密封装置用以防止油液的泄漏。密封装置设计得好坏对于液压缸的静、动态性能有着重要的影响。一般要求密封装置应具有良好的密封性、尽可能长的寿

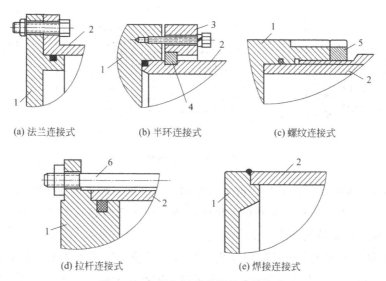

(a) 法兰连接式　　　(b) 半环连接式　　　(c) 螺纹连接式

(d) 拉杆连接式　　　　　　(e) 焊接连接式

图 4-10　缸筒和缸盖常见的连接方式

1—缸盖；2—缸筒；3—压板；4—半环；5—防松螺母；6—拉杆

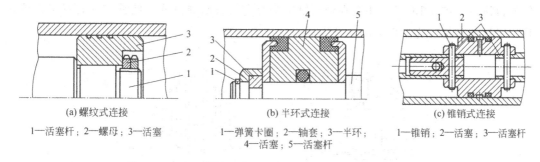

(a) 螺纹式连接　　　　　(b) 半环式连接　　　　　(c) 锥销式连接

1—活塞杆；2—螺母；3—活塞　　　1—弹簧卡圈；2—轴套；3—半环；　　1—锥销；2—活塞；3—活塞杆
　　　　　　　　　　　　　　　　　4—活塞；5—活塞杆

图 4-11　活塞和活塞杆组件

命、制造简单、拆装方便、成本低。

液压缸密封的重点部位是缸筒和活塞之间、缸盖和活塞杆之间以及缸筒和缸盖之间。液压缸上常用的密封装置有间隙密封、摩擦环密封、O 形圈密封、V 形圈密封等。设计液压缸的密封装置时，可结合各种密封装置的密封特性及具体形状规格选用适合于各部位的密封元件。

④ 缓冲装置。液压缸一般都设置缓冲装置，特别是对大型、高速或要求高的液压缸，为了防止活塞在行程终点时和缸盖相互撞击，引起噪声、冲击，必须设置缓冲装置。

缓冲装置的工作原理是利用活塞或缸筒在其走向行程终端时封住活塞和缸盖之间的部分油液，强迫它从小孔或细缝中挤出，以产生很大的阻力，使工作部件受到制动，逐渐减慢运动速度，达到避免活塞和缸盖相互撞击的目的。

如图 4-12（a）所示，在活塞上加工出圆柱形缓冲柱塞，当缓冲柱塞进入与其相配的缸盖上的内孔时，孔中的液压油只能通过间隙 δ 排出，使活塞运动速度降低。由于配合间隙 δ 不变，固缓冲作用是不可调节的。如图 4-12（b）所示，当圆柱形缓冲柱塞进入配合孔之

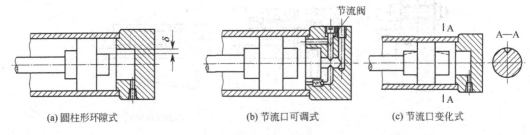

(a)圆柱形环隙式　　　　　　　(b)节流口可调式　　　　　　(c)节流口变化式

图 4-12　液压缸的缓冲装置

后，油腔中的油只能经节流阀排出。由于节流阀是可调的，因此缓冲作用也是可调节的。如图 4-12（c）所示，在缓冲柱塞上开有三角槽，随着柱塞逐渐进入配合孔中，其节流面积越来越小，在行程最后阶段缓冲作用加强。

　　⑤ 排气装置。当液压系统长时间停止工作时，易使空气进入系统，如果液压缸中有空气或油液中混入空气，都会使液压缸运动不平稳，因此一般的液压系统在开始工作前都应使系统中的空气排出，为此可以在液压缸的最高部位设置排气装置，排气装置通常有两种，如图 4-13 所示。其中图 4-13（a）中是在液压缸的最高部位处开排气孔，并在排气孔上安装排气阀进行排气；图 4-13（b）中是在液压缸的最高部位安放排气塞。两种排气装置都在液压缸排气时打开，排气完毕后关闭。

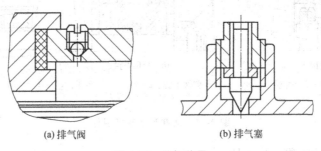

(a)排气阀　　　　　　　　　(b)排气塞

图 4-13　排气装置

　　对于一般排气要求也可以不设专门的排气装置，而是通过液压缸空载往复运动，将空气随着回油带入油箱分离出来，直至运动平稳。

4.2　液压马达

　　液压马达和液压泵在结构上相似，在原理可逆。虽然从工作原理上液压马达和液压泵是互逆的，但两者的任务和要求不同，所以它们在实际结构上存在差异，大多不能通用，只有少数液压泵能作液压马达使用。

4.2.1　液压马达的工作原理

　　图 4-14 所示为轴向柱塞式液压马达的工作原理。当压力油输入时，处于高压腔中的柱塞伸出，压在斜盘 1 上。设斜盘 1 对柱塞 2 的反作用力为 F，F 的轴向分力 F_x 与作用在柱

塞上的液压力平衡，而径向分力 F_y 则使处于高压腔中的柱塞都对转子中心产生一个转矩，使缸体和马达轴旋转。

　　轴向柱塞式液压马达产生的瞬时总转矩是脉动的。若改变马达压力油输入方向，则马达轴的旋转方向也随之发生改变。斜盘倾角 γ 的改变，不仅影响马达的转矩，而且影响它的转速和转向。斜盘倾角越大，产生转矩越大，转速越低。

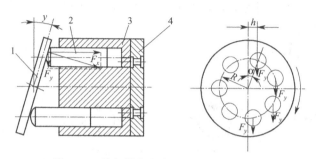

图 4-14　轴向柱塞式液压马达的工作原理

1—斜盘；2—柱塞；3—缸体；4—配油盘

图 4-15 所示为叶片液压马达的工作原理。

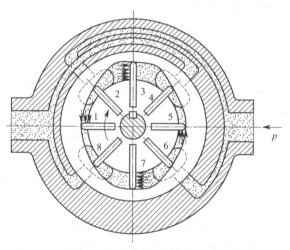

图 4-15　叶片马达的工作原理

1~8—叶片

　　当压力为 p 的油液从进油口进入叶片 1 和 3 之间时，叶片 2 因两面均受液压油的作用，所以不产生转矩。叶片 1、3 上，一面作用有高压油，另一面为低压油。由于叶片 3 伸出的面积大于叶片 1 伸出的面积，因此作用于叶片 3 上的总液压力大于作用于叶片 1 上的总液压力，于是压力差使转子产生顺时针的转矩。同样道理，压力油进入叶片 5 和 7 之间时，叶片 7 伸出的面积大于叶片 5 伸出的面积，也产生顺时针转矩。这样，就把油液的压力能转变成了机械能，这就是叶片马达的工作原理。当输油方向改变时，液压马达就反转。

　　当定子的长短径差值越大，转子的直径越大，以及输入的压力越高时，叶片马达输出的转矩也越大。

　　叶片马达的体积小，转动惯量小，因此动作灵敏，可适应的换向频率较高。但泄漏较大，不能在很低的转速下工作，因此，叶片马达一般用于转速高、转矩小和动作灵敏的场合。

4.2.2 液压马达的类型及图形符号

液压马达按其结构型式分为齿轮式、叶片式、柱塞式等类型。按液压马达的额定转速分为高速和低速两大类；按排量是否可调节分为定量液压马达和变量液压马达；另外，液压马达还有单向和双向之分。

液压马达的图形符号如图 4-16 所示。

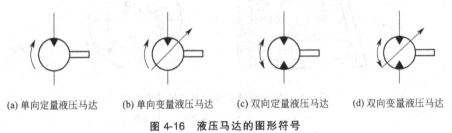

(a) 单向定量液压马达　(b) 单向变量液压马达　(c) 双向定量液压马达　(d) 双向变量液压马达

图 4-16　液压马达的图形符号

4.2.3 液压马达的主要性能参数

液压马达的技术参数有以下几种。

① 排量：马达轴每转一转所需输入的液体体积。

② 额定压力：在额定转速范围内连续运转，能达到设计寿命的最高输入压力。

③ 最高压力：允许短暂运行的最高压力。

④ 背压：指液压马达运转时出油口侧的压力。能保证马达稳定运转时最低出油口侧的压力称为最低背压。

⑤ 额定转速：在额定压力、规定背压情况下，能够连续运转并能达到设计寿命的最高转速。

⑥ 最低转速：即在额定压力下能稳定运转的最低速度。

⑦ 额定转矩：在额定压力作用下液压马达输出的转矩。

⑧ 最大转矩：允许短暂运行的最高压力输入马达后所产生的转矩。

⑨ 功率：液压马达输出轴上输出的机械功率。

⑩ 容积效率：液压马达理论流量与实际流量的比值。

⑪ 总效率：液压马达的输出功率与输入功率的比值。

4.3 摆动液压马达

摆动液压马达是输出转矩并实现往复摆动的一种执行元件，也称为摆动式液压缸，在结构上有单叶片和双叶片两种形式。

摆动液压马达的工作原理见图 4-17。

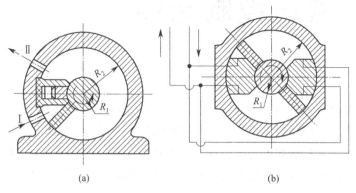

图 4-17　摆动液压马达的工作原理

图 4-17（a）所示是单叶片摆动液压马达。若从油口Ⅰ通入高压油，叶片 2 作逆时针摆动，油口Ⅱ则为排油口。因叶片与输出轴连在一起，可使输出轴摆动同时输出转矩、克服负载。此类摆动液压马达的工作压力小于 10MPa，摆动角度小于 300°。由于径向力不平衡，叶片和壳体、叶片和挡块之间密封困难，限制了其工作压力的进一步提高，从而也限制了输出转矩的进一步提高。

图 4-17（b）所示是双叶片式摆动液压马达。在径向尺寸和工作压力相同的条件下，分别是单叶片式摆动液压马达输出转矩的 2 倍，但回转角度要相应减小，双叶片式摆动液压马达的回转角度一般小于 150°。

摆动式液压马达常用于机床的送料装置、间歇进给机构、回转夹具、工业机器人手臂和手腕的回转机构等液压系统。双叶片式摆动液压马达适合摆角要求小而转矩要求大并且结构尺寸受限的场合采用。

第5章 液压控制元件

液压控制阀是液压传动系统中的控制元件，用来控制系统中油液的流动方向、压力高低和流量大小，简称液压阀。根据液压设备要完成的任务，对液压阀进行相应的调节，就可以使液压系统执行元件的启动和停止、运动方向和运动速度、动作顺序和克服负载的能力等状态发生变化，从而使各类液压机械能按要求协调地工作，完成各种预定的动作。

5.1 液压阀概述

5.1.1 液压阀的基本结构及类型

液压阀是阀体、阀芯、驱动阀芯相对于阀体做运动的驱动元件，无论何种液压阀，这三部分都缺一不可。

液压阀的种类繁多，依据不同的特征和分类方法可将液压阀进行分类，如表 5-1 所示。

表 5-1 液压阀的分类

分类方法	种类	详细分类
按功能分类	压力控制阀	溢流阀、顺序阀、卸荷阀、平衡阀、减压阀、比例压力控制阀、缓冲阀、仪表截止阀、限压切断阀、压力继电器
	流量控制阀	节流阀、单向节流阀、调速阀、分流阀、集流阀、比例流量控制阀
	方向控制阀	单向阀、液控单向阀、换向阀、行程减速阀、充液阀、梭阀、比例方向阀
按结构分类	滑阀	圆柱滑阀、旋转滑阀、平板滑阀
	座阀	锥阀、球阀、喷嘴挡板阀
按操纵方式分类	手动阀	手把及手轮、踏板、杠杆
	机动阀	挡块及碰块、弹簧、液压、气动
	电动阀	电磁铁控制、伺服电动机和步进电动机控制
按连接方式分类	管式连接	螺纹式连接、法兰式连接
	板式及叠加式连接	单层连接板式、双层连接板式、整体连接板式、叠加阀
	插装式连接	螺纹式插装、法兰式插装
按控制方式分类	电液比例阀	电液比例压力阀、电液比例流量阀、电液比例换向阀、电液比例复合阀
	伺服阀	单级、两级、三级电液流量伺服阀
	数字控制阀	数字控制压力阀、数字控制流量阀、数字控制方向阀

尽管液压阀种类繁多，但仍有以下共同点。

① 在结构上：所有液压阀都由阀芯、阀体及驱动阀芯相对阀体做运动的元器件组成。

② 在原理上：所有液压阀都是利用阀芯在阀体内的相对运动来控制阀口的通断及开度

大小，限制或改变油液的流动和停止的。只要有油液流过阀孔，都要产生压力降和温度升高等现象。通过阀孔的流量与通流面积和阀前后压力差有关。

③ 在功能上：阀不能对外做功，只是用来满足执行元件的压力、速度和换向等要求。

④ 在参数上：一是规格参数，表示阀的大小、规定其适用范围，一般用公称通径表示。公称通径代表阀的通流能力的大小，对应于阀的额定流量，与阀进、出口相连接的油管规格应与阀的通径相匹配。二是性能参数，表示阀工作的功能特征，如额定压力，它是液压阀正常工作所允许的最高工作压力。

5.1.2 液压阀基本性能参数

阀的规格大小用公称通径表示。公称通径是阀进、出油口的名义尺寸，它和实际尺寸不一定相等。

对于不同类型的各种阀，也有使用其他参数表征其工作性能的，如额定压力、额定流量、压力损失、开启压力、允许背压、最小稳定流量等。同时在产品样本中给出若干条特性曲线，供使用者确定不同状态下的性能参数值。

5.1.3 对液压阀的基本要求

液压传动系统对液压阀的基本要求为以下几点。

① 动作灵敏，使用可靠，工作时冲击和振动小，噪声小，使用寿命长。

② 流体通过液压阀时，压力损失小；阀口关闭时，密封性能好，内泄漏小，无外泄漏。

③ 所控制的参量（压力或流量）稳定，受外部干扰时变化量小。

④ 结构紧凑，安装、调整、使用、维护方便，通用性好。

5.2 方向控制阀

用来控制液体通、断和流向的元件称为方向控制阀。方向控制阀分为单向阀和换向阀两类。

5.2.1 单向阀

单向阀又分为普通单向阀与液控单向阀两种。

(1) 普通单向阀

① 普通单向阀的结构及工作原理。普通单向阀用于液压系统中防止油流反向流动，又称止回阀或逆止阀。普通单向阀一般由阀体、阀芯和弹簧等零件构成。按其结构不同分为钢球密封式直通单向阀、锥阀芯密封式直通单向阀、直角式单向阀三种；按其连接方式可分为管式连接和板式连接两种。

如图 5-1 所示为普通单向阀的结构，其中图 5-1 (a) 为管式单向阀结构，图 5-1 (b) 为板式单向阀结构。压力油从 P_1 口流入，推动阀芯 2 打开阀口，油液经阀芯 2 上的径向孔 a、轴向孔 b 从 P_2 口流出。当压力油从 P_2 口流入时，压力油作用于阀芯 2 背后，推动阀芯 2 关闭阀口，油液无法流向 P_1 口。

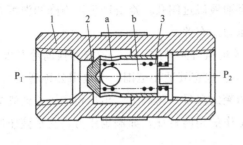

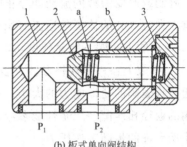

(a) 管式单向阀结构　　　　　　　　　　　(b) 板式单向阀结构

图 5-1　普通单向阀结构

1—阀体；2—阀芯；3—弹簧

② 普通单向阀的图形符号。普通单向阀的图形符号如图 5-2 所示。

图 5-2　普通单向阀的图形符号

③ 普通单向阀的技术性能与要求。普通单向阀的开启压力要小；正向导通时，阀的压力损失要小；能产生较高的反向压力，反向的泄漏要小；动作灵敏、可靠，无振动、冲击或噪声。

为了保证单向阀工作灵敏、可靠，单向阀的弹簧应较软，其开启压力一般为 0.03～0.05MPa。若将弹簧换为硬弹簧，则可将其作为背压阀用，背压力一般为 0.2～0.6MPa。

④ 普通单向阀的典型应用如下。

a. 控制油路单向接通，作单向阀用。

b. 接在回油路上，作背压阀用。

c. 接在泵的出口，避免系统油液向泵倒流。

d. 与其他控制元件组成具有单向功能的组合元件（图 5-3），如单向减压阀、单向顺序阀、单向节流阀及单向调速阀等。

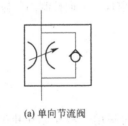

(a) 单向节流阀　　　　　　　　　　(b) 单向顺序阀

图 5-3　组合元件

(2) 液控单向阀

① 液控单向阀的结构及工作原理。液控单向阀除了能实现普通单向阀的功能外，还可按需要由外部油压控制，实现逆向流动。按照结构特点，液控单向阀有简式和复式两类。

如图 5-4 所示是液控单向阀的结构原理和图形符号。当控制口 K 处无压力油通入时，它的工作原理和普通单向阀一样；压力油只能从 P_1 口流向 P_2 口，不能反向倒流。当控制口 K 有控制压力油时，因控制活塞 1 右侧 a 腔通泄油口，活塞 1 右移，推动顶杆 2 顶开阀芯 3，

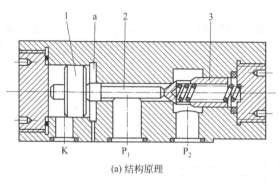
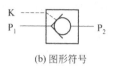

(a) 结构原理　　　　　　　　　　　　　　(b) 图形符号

图 5-4　液控单向阀结构和工作原理

1—活塞；2—顶杆；3—阀芯

使 P_1 口和 P_2 口接通，油液就可在两个方向自由通流。液控单向阀根据泄漏方式不同，可分为外泄式和内泄式两种。

如图 5-5 所示为复式液控单向阀的工作原理，图中主阀芯 3 下端开有一个轴向小孔，轴向小孔由卸载阀芯的推杆 6 封闭。当 P_2 口的高压油液需反向流向 P_1 口时，控制压力油通过控制活塞 1 将卸载阀芯的推杆 6 以及卸载阀芯 4 向上顶起一段较小的距离，使 P_2 口的高压油瞬时从主阀芯的径向孔及轴向小孔与卸载阀芯推杆下端之间的环形缝隙流出，P_2 口的压力随即下降，实现泄压；然后，主阀芯被控制活塞顶开，使反向油液顺利流过。由于卸载阀芯的控制面积小，仅需用较小的力即可顶开卸载阀芯，大大降低了反向开启所需要的控制压力。

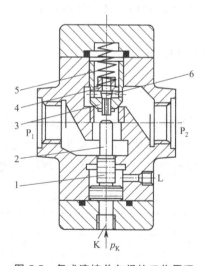

图 5-5　复式液控单向阀的工作原理

1—控制活塞；2—推杆；3—主阀芯；4—卸载阀芯；5—弹簧；

6—卸载阀芯推杆；K，L—控制口

② 液控单向阀的技术性能。液控单向阀的主要技术性能与普通单向阀差不多，包括正向最低开启压力、反向开启最低控制压力、反向泄漏量、压力损失等。带卸荷阀芯的液控单向阀的反向开启最低控制压力比不带卸荷阀芯的要小得多。另外，液控单向阀的反向流动压

力损失比正向流动压力损失要小些。

③ 液控单向阀的典型应用。由于液控单向阀的阀芯一般为锥阀，在未通控制油时，具有良好的反向密封性，实际中常利用液控单向阀将缸固定在任何位置，起锁紧作用。液控单向阀的主要用途如下。

① 可用两个液控单向阀组成"液压锁"，对液压执行元件进行锁闭，使液压执行元件可停止在任何位置，如图 5-6 所示。

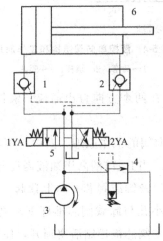

图 5-6 液控单向阀用于锁紧

1，2—液控单向阀；3—液压泵；4—先导式溢流阀；5—换向阀；6—液压缸

② 起保压阀用，使系统在规定时间内维持一定的压力。

③ 起充液阀用。

④ 起二通阀开关作用，使油路能正反双向流动。

5.2.2 换向阀

换向阀的作用是利用阀芯对阀体的相对运动，使油路接通、关断或变换油流的方向，从而实现液压执行元件及其驱动机构的启动、停止或变换运动方向。

换向阀的应用十分广泛，种类很多，分类方法也不同，一般按表 5-2 分类。

表 5-2 换向阀的分类

分类方法	类型
按阀的结构形式分	滑阀式、转阀式、球阀式、锥阀式
按阀的操纵方式分	手动、机动、电磁、液动、电液动、气动等
按阀的工作位置数分	二位、三位、四位等
按阀所控制的通路数分	二通、三通、四通、五通等

对换向阀的基本要求：液流通过阀时压力损失小；互不相通的油口间的泄漏小；换向可靠、迅速且平稳无冲击。

在各类换向阀中，滑阀式换向阀应用最为广泛。它通过移动阀芯，改变阀芯在阀体孔内的相对位置来变换油流方向、接通或关闭液压系统油路。因此，具有径向力易于平衡，对油液中的脏物敏感性小，易于实现多路控制，工作可靠，制造简单等优点。

（1）滑阀式换向阀的工作原理

滑阀式换向阀由阀芯、阀体、控制机构组成。如图 5-7 所示为滑阀式换向阀的工作原理，它是靠阀芯在阀体内做轴向运动，从而使相应的油路接通或断开的换向阀。滑阀的阀芯是一个具有多个环形槽的圆柱体，而阀体孔内有若干个沉割槽。每个沉割槽都通过相应的孔道与外部相通，其中 P 为进油口，T 为回油口，而 A 和 B 则分别与液压缸两腔接通。当阀芯处于图 5-7（a）所示位置时，P 与 B 相通、A 与 T 相通，液压缸的活塞向左运动；当阀芯向右移至图 5-7（b）所示位置时，P 与 A 相通、B 与 T 相通，液压缸的活塞向右运动。

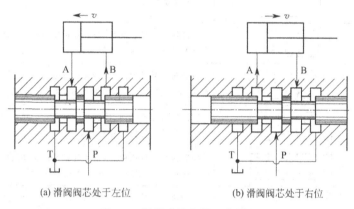

(a) 滑阀阀芯处于左位　　　　(b) 滑阀阀芯处于右位

图 5-7　滑阀式换向阀工作原理

（2）滑阀式换向阀主体部分

① 滑阀式换向阀主体部分的结构原理及图形符号。如图 5-8 所示为三位四通换向阀主体部分的结构原理及图形符号。如图 5-8（a）中所示三位四通换向阀的结构原理图中，图示位置 P、A、B、T 口均不通，相当于图 5-8（b）中的中位；当阀芯相对阀体向左滑动时，P 与 B 口连通，A 与 T 口连通，相当于图 5-8（b）中的右位；当阀芯相对阀体向右滑动时，P 与 A 口连通，B 与 T 口连通，相当于图 5-8（b）中的左位。这样，当通过滑动阀芯使其处在不同的位置就可以起到换向的作用。

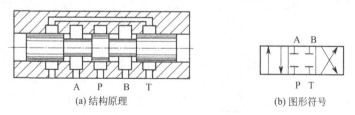

(a) 结构原理　　　　　　　(b) 图形符号

图 5-8　三位四通换向阀主体部分的结构原理及图形符号

② 常见换向阀主体部分的图形符号比较。换向阀的主体部分包括阀芯和阀体，当阀芯在阀体内相对运动时，根据阀芯在阀体中的工作位置以及所控制的通道数可以组合成如二位二通、三位三通、三位五通等多种换向阀。换向阀的图形符号用方框表示阀的工作位置，有几个方框就表示有几"位"，方框内的箭头表示油路处于接通状态，但箭头方向不一定表示

液流的实际方向，方框内符号"⊥"或"⊤"表示该通路不通，方框外部连接的主油路接口数有几个，就表示几"通"。绘制液压系统原理图时，换向阀应该以常态位置画在液压系统原理图中。二位阀的常态位置指靠近弹簧的一格；三位阀的常态位置指中间一格。常见换向阀主体部分的图形符号比较如表 5-3 所示。

表 5-3　常见换向阀主体部分的图形符号比较

类型	图形符号	说明
二位二通		控制油路的连通与切断,相当于一个开关
二位三通		控制液流的方向
二位四通		控制执行元件换向,执行元件正反向运动时回油方式相同,不能使执行元件在任一位置上停止运动
二位五通		控制执行元件换向,执行元件正反向运动时可以得到不同的回油方式,不能使执行元件在任一位置上停止运动
三位三通		控制执行元件换向,执行元件正反向运动时回油方式相同,能使执行元件在任一位置上停止运动
三位四通		控制执行元件换向,执行元件正反向运动时回油方式相同,能使执行元件在任一位置上停止运动
三位五通		控制执行元件换向,执行元件正反向运动时可以得到不同的回油方式,能使执行元件在任一位置上停止运动
三位六通		控制执行元件换向,执行元件正反向运动时回油方式不同,能使执行元件在任一位置上停止运动

(3) 换向阀控制方式的图形符号

控制滑阀移动的方法常用的有人力、机械、电磁、液压力和先导控制等。常见换向阀控制方式的图形符号比较见表 5-4。

表 5-4　常见换向阀控制方式的图形符号比较

控制方式的类型		图形符号	说明
人力控制	手柄式		拉动手柄改变阀芯工作位置
	踏板式		通过踩动脚踏板改变阀芯工作位置
	带定位装置		具有定位装置的推或拉控制机构
机械控制	滚轮式		用机械控制方法改变阀芯工作位置
	滚轮杠杆式		用作单方向行程操纵的滚轮杠杆
	弹簧控制式		用弹簧的作用力改变阀芯工作位置

续表

控制方式的类型		图形符号	说明
电气控制	不连续控制		通过电磁铁通断电改变阀芯工作位置,间断控制
	连续控制		通过电磁铁通断电改变阀芯工作位置,连续控制
液动控制			用直接液压力控制方法改变阀芯工作位置
液压先导控制	内部压力控制		用液压先导控制方法改变阀芯工作位置,内部压力控制
	外部压力控制		用液压先导控制方法改变阀芯工作位置,外部压力控制
电液控制			电磁阀先导控制,用间接液压力控制方法改变阀芯工作位置

（4）三位换向阀中位机能

① 中位机能的图形符号。三位换向阀的阀芯处于中间位置时,各通口的连通方式称为阀的中位机能,通常用一个字母表示。滑阀的中位机能可满足不同的功能要求,不同的中位机能可通过改变阀芯的形状和尺寸得到。

P 型中位机能的结构简图和图形符号如图 5-9 所示。当三位阀处于中位时,压力油口与液压缸两腔连通,回油口封闭,液压泵不卸荷,单杆活塞缸实现差动连接。

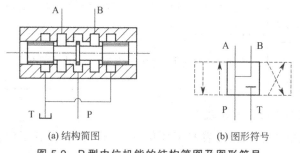

(a) 结构简图　　　　　(b) 图形符号

图 5-9　P 型中位机能的结构简图及图形符号

② 常见换向阀中位机能的图形符号比较。如表 5-5 所示为三位四通换向阀常见中位机能的图形符号比较。

表 5-5　三位四通换向阀常见中位机能的图形符号比较

中位机能	图形符号	说明
O 型		各油口全部封闭,液压缸被锁紧,液压泵不卸荷,可用于多个换向阀并联工作
H 型		各油口全部连通,液压缸浮动,液压泵卸荷,其他缸不能并联使用

续表

中位机能	图形符号	说明
K 型		P、A、T 三油口相通,B 口封闭,液压缸处于闭锁状态,泵卸荷
P 型		压力油口与液压缸两腔连通,回油口封闭,液压泵不卸荷,并联缸可运动,单杆活塞缸实现差动连接
Y 型		液压缸两腔通油箱,液压缸浮动,液压泵不卸荷,并联缸可运动
U 型		P 与 T 口皆封闭,A 与 B 口相通,液压缸浮动,在外力作用下可移动,泵不卸荷
M 型		液压缸两腔封闭,液压缸被锁紧,液压泵卸荷,可用于多个 M 型换向阀并联使用
N 型		P 与 B 口皆封闭,A 与 T 口相通,与 J 型机能类似,只有 A、B 互换,功能也类似
C 型		P 与 A 口相通,B 与 T 口皆封闭,液压缸处于停止状态
J 型		P 与 A 口封闭,B 与 T 口相通;活塞停止,在外力作用下可向一边移动,泵不卸荷
X 型		四油口处于半开启状态;泵基本上卸荷,但仍保持一定压力

(5) 常见换向阀的图形符号比较

一个换向阀的完整图形符号应表明工作位数、油口数和在各工作位置上油口的连通关系、控制方式以及复位、定位方法的符号。如图 5-10 所示为完整的三位四通电磁换向阀图形符号,图中同时给出各部分符号的含义。

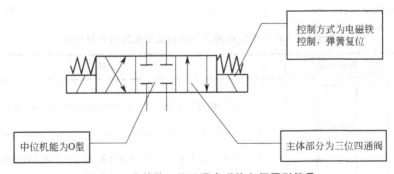

图 5-10　完整的三位四通电磁换向阀图形符号

表 5-6 为常见的几种换向阀的图形符号。

表 5-6　常见换向阀的图形符号

换向阀名称	图形符号		说明
二位二通机动换向阀			用机械方式压下滚轮时,靠近滚轮的上位接入系统,当机械作用力撤去后,在弹簧力的作用下,靠近弹簧的下位接入系统,用机械作用力实现油液的通与断
二位二通电磁换向阀			当电磁铁通电时,靠近电磁铁的左位接入系统;当电磁铁断电时,在弹簧力的作用下,靠近弹簧的右位接入系统,通过控制电磁铁的通断电,改变油液的流向
二位三通机动换向阀			用机械方式压下滚轮时,靠近滚轮的上位接入系统,当机械作用力撤去后,在弹簧力的作用下,靠近弹簧的下位接入系统,用机械作用力实现油液的流向的改变
二位三通电磁换向阀			当电磁铁通电时,靠近电磁铁的左位接入系统;当电磁铁断电时,在弹簧力的作用下,靠近弹簧的右位接入系统,通过控制电磁铁的通断电,改变油液的流向
二位三通液动换向阀			当控制口有控制压力时,左位接入;没有控制压力时,在弹簧力的作用下,右位接入
二位四通电磁换向阀			当电磁铁通电时,靠近电磁铁的左位接入系统;当电磁铁断电时,在弹簧力的作用下,靠近弹簧的右位接入系统,通过控制电磁铁的通断电,改变油液的流向
三位四通手动换向阀	自动复位		通过人力推或拉动手柄,使左位或右位接入系统;当人力作用力撤去后,在弹簧作用力下复位中位,通过人力作用来实现油液的通、断和换向
	钢球定位		用手操纵手柄推动阀芯相对阀体移动后,可以通过钢球使阀芯稳定在三个不同的工作位置上,通过人力作用来实现油液的通、断和换向
三位四通电磁换向阀			当两个电磁铁均不通电时,在两侧弹簧力的作用下,处于中位,左边电磁铁通电时,左位接入;右边电磁铁通电时,右位接入;两个电磁铁不得同时通电,通过控制两个电磁铁的通断电来实现液流的通、断和换向
三位四通液动换向阀			当 K_1 和 K_2 均没有控制压力时,在两端弹簧力的作用下,处于中位;当 K_1 有控制压力时,左位接入;当 K_2 有控制压力时,右位接入
三位四通电液动换向阀			当电磁先导阀的两个电磁铁都不通电时,先导阀阀芯在其对中弹簧的作用下处于中位,控制压力油不能进入主阀左右两端的弹簧腔,主阀处于中位;若先导阀左端电磁铁通电,则主阀左位接入;若先导阀右端电磁铁通电,主阀右位接入,电磁先导阀的两个电磁铁不得同时通电
三位五通手动换向阀			用手操纵手柄推动阀芯相对阀体移动后,可以通过钢球使阀芯稳定在三个不同的工作位置上,通过人力作用来实现油液的通、断和换向
三位五通电磁换向阀			当两个电磁铁均不通电时,在两侧弹簧力的作用下,处于中位;左边电磁铁通电时,左位接入;右边电磁铁通电时,右位接入,两个电磁铁不得同时通电,通过控制两个电磁铁的通断电来实现液流的通、断和换向

（6）常见换向阀的结构原理、图形符号及典型应用

换向阀在液压系统中的应用非常普遍，换向阀可用于实现液压系统中液流的通断和方向变换；可以操纵各种执行元件的动作；可以实现液压系统的卸荷、升压、多执行元件间的顺序动作等。以下举出几种常见换向阀及其典型应用。

① 二位二通机动换向阀。如图 5-11 所示为二位二通机动换向阀的结构原理及图形符号。在图示位置（常态位），阀芯 3 在弹簧 4 的作用下处于上位，P 与 A 不相通；当运动部件上的行程挡块 1 压住滚轮 2 使阀芯移至下位时，P 与 A 相通。机动换向阀结构简单，换向时阀口逐渐关闭或打开，故换向平稳、可靠、位置精度高。但它必须安装在运动部件附近，一般油管较长。常用于控制运动部件的行程，或快、慢速度的转换。

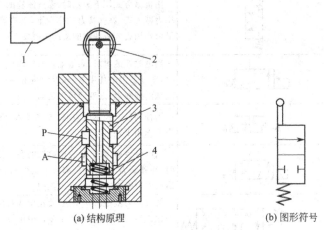

图 5-11　二位二通机动换向阀的结构原理及图形符号

1—挡块；2—滚轮；3—阀芯；4—弹簧

如图 5-12 所示为采用二位二通机动换向阀的快慢速换接回路。液压缸首先快速进给，当机动换向阀 6 被压下时，转为慢速进给。

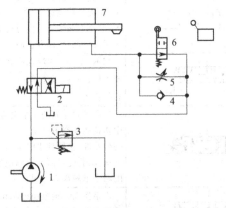

图 5-12　采用二位二通机动换向阀的快慢速换接回路

1—液压泵；2—换向阀；3—溢流阀；4—单向阀；5—节流阀；6—二位二通机动换向阀；7—液压缸

② 二位三通电磁换向阀。电磁换向阀简称电磁阀，它利用电磁铁吸力或推力控制阀芯动作。电磁换向阀包括换向滑阀和电磁铁两部分。如图 5-13 所示为二位三通电磁换向阀的结构原理及图

形符号。图示位置为电磁铁不通电状态，即常态位置，此时 P 与 A 相通，B 封闭；当电磁铁通电时，衔铁 1 右移，通过推杆 2 使阀芯 3 推压弹簧 4，并移至右端，P 与 B 接通，A 口封闭。

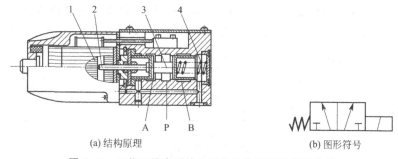

(a) 结构原理　　　　　　　　　　　(b) 图形符号

图 5-13　二位三通电磁换向阀的结构原理及图形符号

1—衔铁；2—推杆；3—阀芯；4—弹簧

如图 5-14 所示为利用二位三通电磁换向阀的二次工进速度换接回路，当二位三通电磁换向阀 7 的电磁铁断电时，可以获得一种工进速度；当其通电时可以获得另一种工进速度。

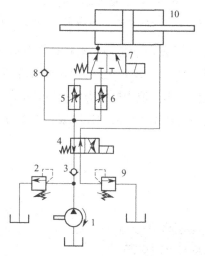

图 5-14　利用二位三通电磁换向阀的二次工进速度换接回路

1—液压泵；2—溢流阀；3，8—单向阀；4—二位二通电磁换向阀；

5，6—调速阀；7—二位三通电磁换向阀；9—溢流阀；10—液压缸

③ 三位四通电磁换向阀。如图 5-15 所示为三位四通电磁换向阀的结构原理及图形符

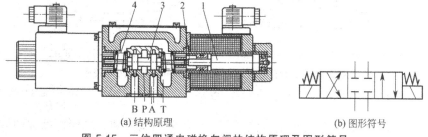

B P A T

(a) 结构原理　　　　　　　　　　　(b) 图形符号

图 5-15　三位四通电磁换向阀的结构原理及图形符号

1—衔铁；2—推杆；3—阀芯；4—弹簧

号。阀两端有两根对中弹簧4，使阀芯在常态时（两端电磁铁均断电时）处于中位，P、A、B、T互不相通；当右端电磁铁通电时，右衔铁1通过推杆2将阀芯3推至左端，控制油口P与B通，A与T通；当左端电磁铁通电时，其阀芯移至右端，油口P与A通、B与T通。

如图5-16所示回路中，采用H型中位机能的三位四通电磁换向阀3实现液压缸的前进、后退和停止，并在液压缸停止的同时让液压泵卸荷。

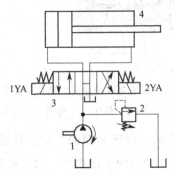

图5-16　三位四通换向阀卸荷

1—液压泵；2—溢流阀；3—电磁换向阀；4—液压缸

④ 三位四通手动换向阀。手动换向阀是用手动杠杆操纵阀芯换位的换向阀。它有弹簧复位式和钢球定位式两种。如图5-17（a）所示为三位四通弹簧复位式手动换向阀的结构原理图，可用手操作使换向阀左位或右位工作，但当操纵力取消后，阀芯便在弹簧力作用下自动恢复至中位，停止工作，因而这种换向阀适用于换向动作频繁、工作持续时间短的场合。

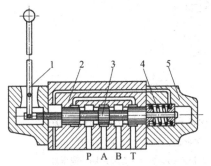

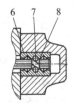

(a) 三位四通弹簧复位式手动换向阀的结构原理　　(b) 钢球定位式手动换向阀的结构原理

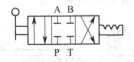

(c) 三位四通弹簧复位式手动换向阀的图形符号　　(d) 钢球定位式手动换向阀的图形符号

图5-17　三位四通手动换向阀的结构原理及图形符号

1—手柄；2—阀体；3—阀芯；4—弹簧；5—阀盖；6—定位槽；7—定位钢球；8—定位弹簧

如图5-17（b）所示的是钢球定位式手动换向阀的结构原理，其阀芯端部的钢球定位装置可使阀芯分别停止在左、中、右三个位置上，当松开手柄后，阀仍保持在所需的工作位置上，因而可用于工作持续时间较长的场合。

如图 5-17（c）、（d）所示为两者的图形符号。

如图 5-18 所示的是采用三位四通手动换向阀的换向回路。当阀处于中位时，液压缸停止运动，M 型中位机能使泵卸荷。

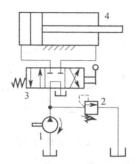

图 5-18　采用三位四通手动换向阀的换向回路

1—液压泵；2—溢流阀；3—手动换向阀；4—液压缸

⑤ 三位四通液动换向阀。液动换向阀是利用控制油路的压力油推动阀芯动作实现换向的，因此它可以用于流量较大的场合进行换向。如图 5-19 所示为三位四通液动换向阀的结构原理及图形符号。当其两端控制油口 K_1 和 K_2 均不通入压力油时，阀芯在两端弹簧的作用下处于中位；当 K_1 口通入压力油，K_2 口接油箱时，阀芯移至右端，P 通 A，B 通 T；反之，K_2 口通入压力油，K_1 口接油箱时，阀芯移至左端，P 通 B，A 通 T。

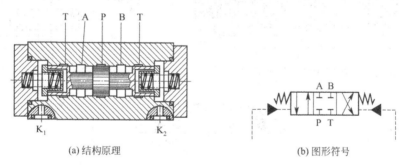

(a) 结构原理　　　　　　　　　　　　　　(b) 图形符号

图 5-19　三位四通液动换向阀的结构原理及图形符号

如图 5-20 所示为液动换向阀的换向回路。其中手动换向阀是 3 先导阀，液动换向阀 4 是主换向阀。这种换向回路，常用于大型液压机上。

⑥ 三位四通电液动换向阀。如图 5-21（a）所示为三位四通电液动换向阀的结构原理，电液动换向阀是由电磁换向阀和液动换向阀组成的复合阀。电磁换向阀为先导阀，它用以改变控制油路的方向；液动换向阀为主阀，它用以改变主油路的方向。当两个电磁铁 3、5 都不通电时，电磁换向阀阀芯 4 和液动换向阀阀芯 8 均处于中位。当电磁铁 3 通电时，电磁换向阀阀芯 4 左移，压力油经单向阀 1 流向液动换向阀阀芯 8 的左端，其右端的油经节流阀 6 和电磁换向阀流到油箱，液动换向阀阀芯 8 右移，主油路 P 和 B 接通，T 和 A 接通，液动换向阀阀芯 8 的移动速度通过调节节流阀 6 的开口大小来调节。同样，当电磁铁 5 通电时，液动换向阀阀芯 8 左移，主油路 P 和 A 接通，T 和 B 接通（连接 B 和 T 的油道图中未画出）。

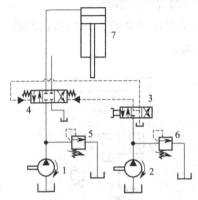

图 5-20　液动换向阀的换向回路

1，2—液压泵；3—手动换向阀（转阀）；4—液动换向阀；5，6—溢流阀；7—液压缸

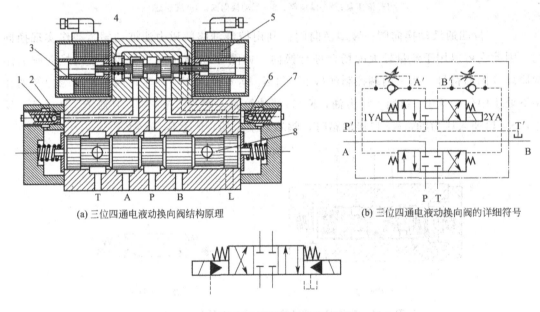

(a) 三位四通电液动换向阀结构原理　　　　　(b) 三位四通电液动换向阀的详细符号

(c) 三位四通电液动换向阀的简化图形符号

图 5-21　三位四通电液动换向阀的结构原理及图形符号

1，7—单向阀；2，6—节流阀；3，5—电磁铁；4—电磁换向阀阀芯；8—液动换向阀阀芯

如图 5-21（b）所示为三位四通电液动换向阀的详细符号，当先导阀的电磁铁 1YA 和 2YA 都断电时，电磁换向阀的阀芯在两端弹簧力作用下处于中位，控制油口 P'关闭。这时主阀芯两侧的控制油经两个小节流阀及电磁换向阀的通路与油箱相通，因而主阀芯在两端弹簧的作用下处于中位。在主油路中 P、A、B、T 互不相通。

当 1YA 通电、2YA 断电时，电磁阀左位工作，控制压力油经过 P'→A'→单向阀→主阀芯左端油腔，而主阀芯右端的油经主阀芯右端油腔→节流阀→B'→T'→油箱。于是，主阀芯在左端液压推力的作用下移至右端，即主阀左位工作，主油路 P 通 A，B 通 T。

同理，当 2YA 通电、1YA 断电时，电磁阀处于右位，控制主阀芯右位工作，主油路 P 通 B，A 通 T。

液动换向阀的换向速度可由两端节流阀调整，因而可使其换向平稳，无冲击。这种阀综合了电磁阀和液动阀的优点，具有控制方便、流量大的特点。如图5-21（c）所示为三位四通电液动换向阀的简化图形符号。

（7）换向阀的主要技术性能

由于换向阀的种类繁多，不同类型的换向阀的主要技术性能所包含的项目也不尽相同。换向阀的主要性能以电磁换向阀的项目为最多，主要包括工作可靠性、压力损失、内泄漏量、换向和复位时间、换向频率和使用寿命等。

5.3　压力控制阀

在液压传动系统中，控制油液压力高低的液压阀称为压力控制阀，简称压力阀。这类阀的共同点是利用作用在阀芯上的液压力和弹簧力相平衡的原理工作的。常见的压力控制阀有溢流阀、减压阀、顺序阀、压力继电器等。

5.3.1　溢流阀

溢流阀的主要作用是对液压系统调压或进行安全保护，几乎在所有的液压系统中都需要用到它，其性能好坏对整个液压系统的正常工作有很大影响。常用的溢流阀按其结构形式和基本动作方式可分为直动式和先导式两种。

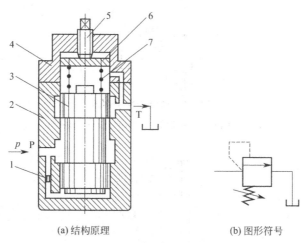

(a) 结构原理　　　　　　　　(b) 图形符号

图 5-22　直动式溢流阀结构原理图及图形符号

1—阻尼孔；2—阀体；3—阀芯；4—阀盖；5—调压螺钉；6—弹簧座；7—弹簧

（1）直动式溢流阀

① 直动式溢流阀的基本结构及其工作原理。直动式溢流阀是依靠系统中的压力油直接作用在阀芯上与弹簧力等相平衡，以控制阀芯的启闭动作，如图5-22所示为直动式溢流阀的结构原理及图形符号。图5-22（a）中P为进油口，T为回油口。进油口P的压力油经阻尼孔1通入阀芯3的底部，阀芯3和阀体2构成的节流口有重叠量，将P口和T口隔断，溢流阀处于关闭状态。阀芯3的下端面受到压力为 p 的油液的作用，作用面积为 A，压力油

作用于该端面上的力为 pA，调压螺钉 5 作用在阀芯上的预紧力为 F_s。当进油口压力较小，即 $pA < F_s$ 时，阀芯 3 处于下端位置，关闭回油口 T，P 与 T 不通，不溢流，即为常闭状态。随着进油口压力升高，当 $pA > F_s$ 时，弹簧被压缩，阀芯 3 上移，打开回油口 T，P 与 T 接通，溢流阀开始溢流。油液溢流回油箱。此时，进口压力与弹簧力相平衡，进口压力基本保持恒定。实际应用系统中，旋转调压螺钉 5 改变弹簧 7 的预压缩量，可使系统获得不同的开启压力。

直动式溢流阀的特点是结构简单、灵敏度高，但压力受溢流量的影响较大，即静态调压偏差大，动态特性因结构形式而异。锥阀式和球阀式反应较快，动作灵敏，但稳定性较差，噪声大，常作安全阀及压力阀的先导阀；而滑阀式动作反应慢，压力超调大，但稳定性好。

② 直动式溢流阀典型应用。直动式溢流阀可以当作调压阀，用于调定系统压力。如图 5-23 所示回路中，溢流阀 2 的功用是调压，就是在不断的溢流过程中保持泵出口的压力基本不变；溢流阀可以当作安全阀，在系统中起过载保护的作用。如图 5-24 所示的回路中，在正常工作时，安全阀（溢流阀）2 关闭，不溢流，只有在系统发生故障，压力升至安全阀的调整值时，安全阀 2 的阀口才打开，使变量泵排出的油液经安全阀 2 流回油箱，以保证整个液压系统的安全；溢流阀用在回油路上可以用作背压阀。

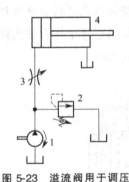

图 5-23　溢流阀用于调压

1—定量泵；2—溢流阀；3—节流阀；4—液压缸

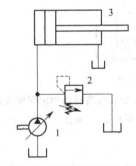

图 5-24　溢流阀用作安全阀

1—变量泵；2—溢流阀；3—液压缸

（2）先导式溢流阀

① 先导式溢流阀的基本结构及工作原理。如图 5-25 所示为先导式溢流阀的结构原理及图形符号。如图 5-25（a）所示，先导式溢流阀由先导阀和主阀构成。压力油从 P 口进入，

通过阻尼孔 3 后作用在先导阀阀芯 4 上，当进油口压力较低时，先导阀上的液压作用力不足以克服先导阀右边的先导阀弹簧 5 的作用力时，先导阀关闭，没有油液流过阻尼孔 3，所以主阀芯 2 两端压力相等，在较软的主阀弹簧 1 作用下主阀芯 2 处于最下端位置，溢流阀阀口 P 和 T 隔断，没有溢流。当进油口压力升高到作用在先导阀上的液压力大于先导阀弹簧 5 作用力时，先导阀打开，压力油就可通过阻尼孔 3，经先导阀流回油箱，由于阻尼孔 3 的作用，使主阀芯上端的液压力小于下端液压力，当这个压力差作用在主阀芯上的力超过主阀弹簧力、摩擦力和主阀芯自重时，主阀芯开启，油液从 P 口流入，经主阀口 T 流回油箱实现溢流。

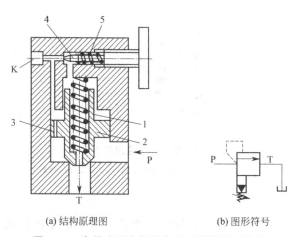

(a) 结构原理图　　　　　(b) 图形符号

图 5-25　先导式溢流阀结构原理图及图形符号

1—主阀弹簧；2—主阀芯；3—阻尼孔；4—先导阀阀芯；5—先导阀弹簧

图 5-25（a）中的 K 为远程控制口，其作用为，通过油管接到另一个远程调压阀，通过调节远程调压阀的弹簧力，即可调节溢流阀主阀芯上端的液压力，从而对溢流阀的溢流压力实行远程调压，远程调压阀所能调节的最高压力不得超过溢流阀本身先导阀的调整压力；通过电磁换向阀外接多个远程调压阀，可实现多级调压；通过电磁换向阀将远程控制口 K 接通油箱，主阀芯上端的压力很低，系统的油液在低压下通过溢流阀流回油箱，实现卸荷。

转动旋钮，改变先导阀弹簧 5 的预压缩量，即可调节先导式溢流阀的开启压力。

先导式溢流阀的调压弹簧弹力不必很强，因此压力调整比较轻便，控制压力较高。但是先导式溢流阀只有先导阀和主阀都动作后才能起控制作用，因此反应不如直动式溢流阀灵敏。

② 先导式溢流阀典型应用。先导式溢流阀可以与换向阀和直动式溢流阀一起实现双级调压、多级调压；可以实现远程调压以及卸荷。图 5-26 所示回路中，泵的出口可实现两种不同的系统压力控制，由先导式溢流阀 2 和直动式溢流阀 4 各调一级，但要注意：先导式溢流阀 4 的调定压力一定要小于直动式溢流阀 2 的调定压力，否则不能实现双级调压。如图 5-27 所示卸荷回路中，用先导式溢流阀 2 调压，同时配合电磁换向阀 3 可以实现系统卸荷。

（3）溢流阀的主要性能及要求

溢流阀的性能有静态特性和动态特性两类。

① 静态特性。溢流阀的静态特性是指它在稳定状态下工作时，某些性能参数之间的

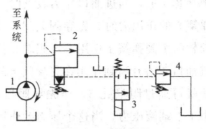

图 5-26 双级调压

1—液压泵；2—先导式溢流阀；3—换向阀；4—直动式溢流阀

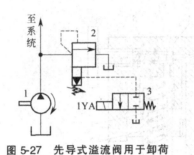

图 5-27 先导式溢流阀用于卸荷

1—液压泵；2—先导式溢流阀；3—电磁换向阀

关系。

a. 压力调节范围。压力调节范围是指调压弹簧在规定的范围内调节时，系统压力能平稳地上升或下降，且压力无突跳及迟滞现象时的最大和最小调定压力。

b. 启闭特性。启闭特性是指溢流阀在稳态情况下从开启到闭合的过程中，被控压力与通过溢流阀的溢流量之间的关系。它是衡量溢流阀定压精度的一个重要指标，一般用溢流阀处于额定流量时的调定压力 p_k 及停止溢流的闭合压力 p_B 分别与 p_s 的比例（％）来衡量，前者称为开启比 $\overline{p}_k$，后者称为闭合比 $\overline{p}_B$，即

$$\overline{p}_k = \frac{p_k}{p_s} \times 100\% \tag{5-1}$$

$$\overline{p}_B = \frac{p_B}{p_s} \times 100\% \tag{5-2}$$

式中，p_s 可以是溢流阀调节范围内的任何一个值，显然上述两个比例越大，则两者越接近，溢流阀的启闭特性就越好，一般应使 $\overline{p}_k \geqslant 90\%$，$\overline{p}_B \geqslant 85\%$，直动式和先导式溢流阀的启闭特性曲线如图 5-28 所示。由图中的曲线可以看出，先导式溢流阀的启闭特性比直动式溢流阀的启闭特性好。另外，由于先导式溢流阀是先导阀先动作然后主阀再动作，所以先导式溢流阀的启闭特性曲线分为两段，主阀的动作滞后，因而先导式溢流阀不如直动式溢流阀动作灵敏。

c. 卸荷压力。当先导式溢流阀的远程控制口 K 与油箱相连时，额定流量下的进口压力称为卸荷压力。卸荷压力实际上是指卸荷时的压力损失，所以先导式溢流阀的卸荷压力越小越好，它的大小与阀的结构形式、阀内部的流道状况及阀口的尺寸大小有关。

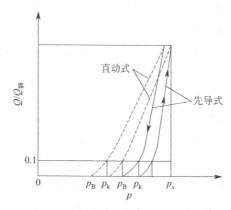

图 5-28　直动式和先导式溢流阀的启闭特性曲线

d. 最大允许流量和最小稳定流量。溢流阀的最大允许流量为其额定流量。溢流阀的最小稳定流量取决于对压力平稳性的要求，通常规定为额定流量的 15%。

② 动态特性。当溢流阀在溢流量发生由零至额定流量的阶跃变化时，它的进口压力，也就是它所控制的系统压力将如图 5-29 所示的那样迅速升高并超过额定压力的调定值，然后逐步衰减到最终稳定压力，从而完成其动态过渡过程。

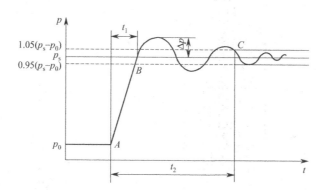

图 5-29　流量阶跃变化时溢流阀的进口压力响应特性曲线

定义最高瞬时压力峰值与额定压力调定值 p_s 的差值为压力超调量 Δp，则压力超调率 $\overline{\Delta p}$ 为

$$\overline{\Delta p} = \frac{\Delta p}{p_s} \times 100\% \tag{5-3}$$

它是衡量溢流阀动态定压误差的一个性能指标，一个性能良好的溢流阀 $\overline{\Delta p}$ 为 10%～30%。

如图 5-29 所示的 t_1 称为响应时间；t_2 称为过渡过程时间。显然，t_1 越小，溢流阀的响应越快；t_2 越小，溢流阀的动态过渡过程时间越短。

5.3.2　减压阀

减压阀是使出口压力（二次压力）低于进口压力（一次压力）的一种压力控制阀。其作用是降低液压系统中某一支路的油液压力，使用一个油源能同时提供两个或几个不同压力的输出。根据减压阀所控制的压力不同，它可分为定值减压阀、定差减压阀和定比减压阀，其中定值减压阀应用最多。根据结构形式不同，减压阀也有直动式减压阀和先导式减压阀两类。

（1）直动式减压阀

① 直动式减压阀的基本结构及其工作原理。如图 5-30 所示为直动式减压阀的结构原理及图形符号，如图 5-30（a）所示，阀上开有三个油口，P_1 为一次压力油口，P_2 为二次压力油口，L 为外泄油口，来自高压油路的一次压力油从 P_1 油口经过滑阀阀芯的下端圆柱台肩与阀体间形成常开阀口，然后从二次油口 P_2 流向低压支路，同时通过流道反馈在阀芯底部面积上产生一个向上的液压作用力，该力与调压弹簧的预压力相比较。当二次压力未达到阀的设定值时，阀芯处于最下端，阀口全开；当二次压力达到阀的设定值时，阀芯上移，开度减小实现减压，以维持二次压力恒定，不随一次压力的变化而变化。不同的二次压力可通过调节螺钉改变调压弹簧 a 的预压缩量来设定。由于二次油口不接回油箱，所以泄油口 L 必须单独接回油箱。

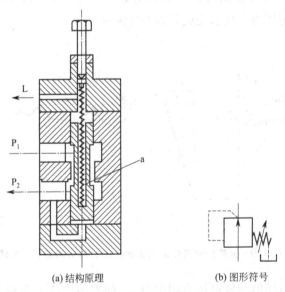

(a)结构原理　　　　　(b)图形符号

图 5-30　直动式减压阀的结构原理及图形符号

a—调压弹簧

直动式减压阀结构简单，只用于低压系统或用于产生低压控制油液，其性能不如先导式减压阀。

② 直动式减压阀的典型应用。直动式减压阀多用在减压稳压的场合，在各种液压设备的夹紧系统、润滑系统和控制系统中应用较多。此外，当油液压力不稳定时，在回路中串入一个减压阀可得到一个稳定的较低的压力。如图 5-31 所示多支路减压回路中，各液压支路需要的压力不同，可以在两个支路上分别串联两个减压阀 4、5，用于分别调定两个支路所需要的压力。

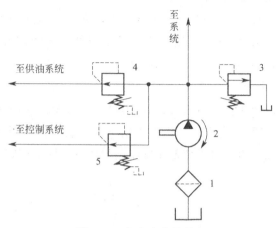

图 5-31　多支路减压回路

1—滤油器；2—液压泵；3—溢流阀；4，5—减压阀

（2）先导式减压阀

① 先导式减压阀的基本结构及其工作原理。先导式减压阀的结构原理及图形符号如图 5-32 所示，图中 1 是先导阀芯，3 是主阀芯。减压阀没有工作时，主阀芯处在最下端的极限位置，阀口是常开的。在减压阀通入压力油时，压力油由进油口 P_1 流入，经减压口 f 减压后由出口 P_2 流出，出口压力油经阀体 2 与端盖 4 上的通道流到主阀芯的下腔，再经阀芯上的阻尼孔 e 流到主阀芯的上腔，最终作用在先导阀芯 1 上。当出油口压力低于先导阀的调定压力时，先导阀关闭，油液便不能在阻尼孔 e 内流动，主阀芯上、下两腔压力相等，主阀芯在弹簧的作用下处于最下端，主阀口开度 x 值最大，阀处于非工作状态。当出口压力达到先导阀的调定压力时，先导阀芯 1 被顶开，主阀芯上腔的油液便由泄油口 L 流回油箱，主

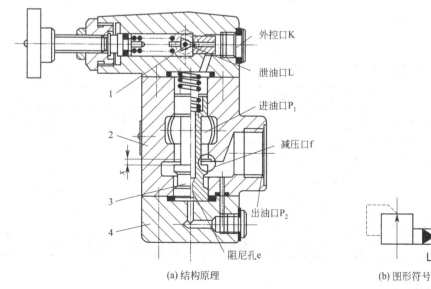

（a）结构原理　　　　　　　　　　（b）图形符号

图 5-32　先导式减压阀的结构原理及图形符号

1—先导阀芯；2—主阀体；3—主阀芯；4—端盖

阀芯阻尼孔 e 内就有了油液流动，使主阀芯 3 上下两端产生压力差，主阀芯 3 在压差的作用下，克服弹簧力的作用上移，主阀口开度 x 值减小，进出口压降增大，使出口压力下降到调定值；反之，出口的压力减小时，阀芯下移，主阀口开度 x 值增大，减压口 f 增大，使节流降压作用减弱，控制出口的压力维持在调定值。同样，先导式减压阀也具有远程控制口 K，通过它可以实现远程控制。

② 先导式减压阀的典型应用。先导式减压阀可用于需要减压或多级减压的回路中。如图 5-33 所示为多级减压回路，先导式减压阀 1 用于减小它所在低压支路的压力，通过控制电磁换向阀 3 的电磁铁通断电，可以使低压支路获得两种不同的调定压力。

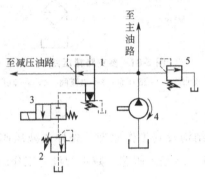

图 5-33　多级减压回路
1—先导式减压阀；2，5—溢流阀；3—电磁换向阀；4—液压泵

5.3.3　顺序阀

顺序阀用来控制液压系统中各执行元件动作的先后顺序，顺序阀也可视为二位二通液动换向阀。顺序阀的种类繁多，可以按照控制压力、控制来源、泄油方式和安装方式等对其进行分类，如表 5-7 所示。

表 5-7　顺序阀的分类

分类依据	类型	说明
工作原理	直动式	用入口压力直接推动阀芯开启
	先导式	先用入口压力推动先导阀开启，使主阀芯两端压力失去平衡，主阀芯再开启
控制压力	内控式	用阀的进口压力控制阀芯的启闭
	外控式	用外来的控制压力油控制阀芯的启闭
泄油方式	内泄式	泄油口通入出油口
	外泄式	泄油口单独接油箱
安装方式	管式	油口处有螺纹孔，通过油口处的螺纹与其他元件连接
	板式	油口为光孔，另有安装孔，用螺栓或螺钉安装在连接板上，油口处用密封件密封

（1）直动式顺序阀

① 直动式顺序阀的基本结构及工作原理。如图 5-34 所示为直动式内控外泄顺序阀的结构原理。阀的进口压力油通过阀内部流道作用于阀芯下部柱塞 6 上，产生一个向上的液压推

力。当液压泵启动后，压力油首先克服液压缸Ⅰ的负载使其先行运动。当液压缸Ⅰ运动到位后，压力 p_1 将随之上升。当压力 p_1 上升到作用于柱塞面积 A 上的液压力超过调压弹簧 3 的预紧力时，阀芯上移，接通 p_1 口和 p_2 口。压力油经顺序阀口后克服液压缸Ⅱ的负载使活塞运动。这样利用顺序阀实现了液压缸Ⅰ和液压缸Ⅱ的顺序动作。旋转调压螺钉 1，改变调压弹簧 2 的预压缩量，可以改变顺序阀的开启压力。

图 5-34 中的顺序阀属于内控式，将端盖 6 旋转 90°或 180°时，当把 K 口处螺塞打开接外部压力时，顺序阀就变成外控式，外控式顺序阀是否开启与一次压力油及入口压力无关，仅取决于外部控制压力的大小。图 5-34 中泄油口通过单独的油道接通油箱，属于外泄式，当泄油口通向阀的出油口时，阀芯上腔的泄漏油液即可从油口排出，则属于内泄式。一般只有输出压力很低时，才允许使用内泄式。

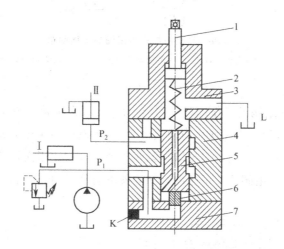

图 5-34 直动式顺序阀的结构原理

1—调压螺钉；2—调压弹簧；3—阀盖；4—阀体；5—阀芯；6—柱塞；7—下盖

直动式顺序阀结构简单、动作灵敏，但由于弹簧设计的限制，调压偏差较大，限制了压力的提高，因而压力较高的场合常采用先导式顺序阀。

直动式顺序阀的图形符号如图 5-35 所示。

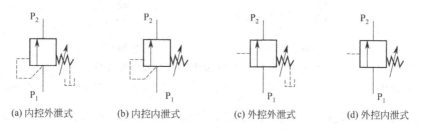

(a) 内控外泄式　　　(b) 内控内泄式　　　(c) 外控外泄式　　　(d) 外控内泄式

图 5-35 直动式顺序阀的图形符号

② 直动式顺序阀的应用。直动式顺序阀可用于多元件的顺序动作控制、系统保压、立置液压缸的平衡、系统卸荷、作背压阀等。直动式顺序阀可以与单向阀组成平衡阀用于立置液压缸的平衡回路中。如图 5-36 所示是采用内控式平衡阀的平衡回路，当活塞下行时，由

于回油路上存在一定的背压来支承重力负载，只有在活塞的上部具有一定压力时活塞才会平稳下落；当电磁换向阀 2 处于中位时，活塞停止运动，不再继续下行。

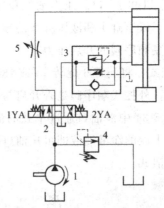

图 5-36　采用内控式平衡阀的平衡回路

1—液压泵；2—电磁换向阀；3—平衡阀（内控式）；4—溢流阀；5—节流阀

(2) 先导式顺序阀

① 先导式顺序阀的结构及工作原理。如图 5-37 所示为先导式顺序阀的结构原理及图形符号。如图 5-37（a）所示，当一次压力油液由 P_1 进入时，一次压力经过阻尼孔 3 直接作用在先导阀芯 5 上，当一次压力大小不足以克服调压弹簧 6 的作用而打开导阀芯 5 时，由于主阀芯 2 的上下受力平衡，主阀芯 2 不运动，油液就不会从 P_2 口流出，顺序阀关闭。

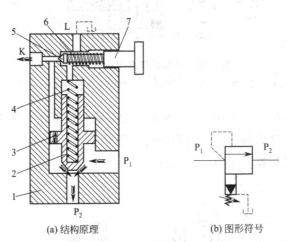

(a) 结构原理　　　　　　　(b) 图形符号

图 5-37　先导式顺序阀的结构原理及图形符号

1—主阀体；2—主阀芯；3—阻尼孔；4—复位弹簧；5—先导阀芯；6—调压弹簧；7—调压螺钉

当一次压力升高到足以打开先导阀芯时，油液经过泄油口 L 流回油箱，主阀芯 2 上端的压力突然下降，由于阻尼孔 3 的作用，在主阀芯 2 的两端产生压差，主阀芯 2 向上运动，油液便从 P_2 口流出，顺序阀开启。调节调压螺钉 7，改变调压弹簧的预压缩量就可以改变开启压力。

远程控制口 K 的作用与先导式溢流阀中的远程控制口相同，当远程控制口 K 用螺塞堵上，则开启压力由先导阀调定；当远程控制口 K 接通其他压力阀时，则可以远程或多级调定开启压力；当远程控制口 K 接通油箱时，则开启压力为 0。

② 先导式顺序阀的典型应用。先导式顺序阀可以和普通的直动式顺序阀一样使用，也可用于多执行元件的顺序动作回路、系统保压、立置液压缸的平衡、系统卸荷、作背压阀等。

5.3.4 压力继电器

(1) 压力继电器的结构及工作原理

压力继电器是一种将油液的压力信号转换成电信号的电液控制元件，当油液压力达到压力继电器的调定压力时，即发出电信号，以控制电磁铁、电磁离合器、继电器等元件动作，使油路卸压、换向，执行元件实现顺序动作，或关闭电动机，使系统停止工作，起安全保护作用等。压力继电器有柱塞式、膜片式、弹簧管式和波纹管式四种类型。

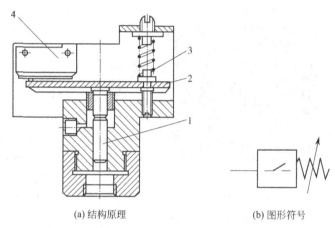

(a) 结构原理 　　　　　　　　(b) 图形符号

图 5-38　柱塞式压力继电器的结构原理及图形符号

1—柱塞；2—杠杆；3—弹簧；4—开关

如图 5-38 所示为柱塞式压力继电器的结构原理及图形符号。当从压力继电器下端进油口通入的油液压力达到调定压力值时，推动柱塞 1 上移，此位移通过杠杆 2 放大后推动开关4 动作。改变弹簧 3 的压缩量即可以调节压力继电器的动作压力。

(2) 压力继电器的典型应用

压力继电器经常应用在需要液压和电气转换的回路中，接收回路中压力信号，输出电信号，使系统易于实现自动化。

5.4 流量控制阀

液压系统中执行元件运动速度的大小，由输入执行元件的油液流量的大小来确定。用来控制液体流量的元件称为流量控制阀。流量控制阀是依靠改变阀口通流面积的大小或通流通道的长短以改变液阻，从而控制流量的一类液压阀。常用的流量控制阀有普通节流阀、调速阀、溢流节流阀和分流集流阀等。

5.4.1 普通节流阀

(1) 普通节流阀的结构及工作原理

节流阀是普通节流阀的简称，如图 5-39 所示为普通节流阀的结构原理及图形符号，它主要由阀体 1、阀芯 2、推杆 3、手柄 4 和弹簧 5 等组成。阀芯 2 的左端开有轴向三角槽形式节流口。压力油从进油口 P_1 流入，经阀芯 2 左端的节流沟槽，从出油口 P_2 流出。转动手柄 4，通过推杆 3 使阀芯 2 做轴向移动，可改变节流口的通流截面积，实现流量的调节。弹簧 5 的作用是使阀芯 2 向右抵紧在推杆 3 上。

这种节流阀结构简单，制造容易，体积小，但负载和温度的变化对流量的稳定性影响较大，因此只适用于负载和温度变化不大或执行机构速度稳定性要求较低的液压系统。

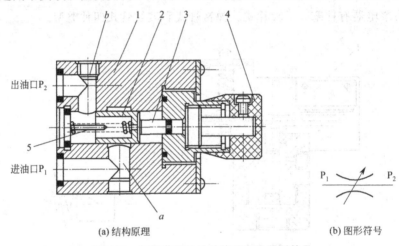

(a) 结构原理   (b) 图形符号

图 5-39　普通节流阀的结构原理及图形符号

1—阀体；2—阀芯；3—推杆；4—手柄；5—弹簧；a—进油通道；b—出油通道

(2) 普通节流阀的主要性能

① 流量-压差特性。普通节流阀的流量-压差特性是指被试节流阀阀口为某一开度时，通过节流阀的流量 q 与节流阀口前后的压差 Δp 的关系。节流阀的流量-压差特性取决于其节流口的形式。节流阀的流量-压差特性常用式(5-4) 描述

$$q = CA_T(p_1 - p_2)^\varphi = CA_T \Delta p^\varphi \tag{5-4}$$

式中，C 为系数，其大小由节流口形状、液体流态、油液性质等因素决定，具体数值由实验得出；A_T 为节流口的通流截面；p_1、p_2 为节流阀的进、出口压力；Δp 为节流口前、后压差；φ 为节流阀指数，由节流口的形状决定，其值为 0.5~1.0，具体数值由实验得出。

节流阀的流量-压差特性曲线如图 5-40 所示。由图可以看出，节流阀的流量 q 受前后压差 Δp 变化的影响比较大，特别是在流量较小时，影响更大。因为在实际调速系统中，节流阀前后的压差总会有变化，通过节流阀的流量 q 变化越大，则执行元件的速度就越不稳定。这也充分说明普通节流阀不适合用在速度稳定性要求高的场合。

节流阀流量抵抗压差变化的能力可用节流阀刚性系数 k 反映。

$$k = \frac{\partial \Delta p}{\partial q} = \frac{\Delta p^{1-\varphi}}{CA_T \varphi} \tag{5-5}$$

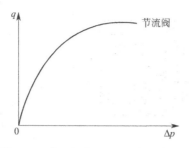

图 5-40　节流阀的流量-压差特性曲线

k 值越大，节流阀流量抵抗压差变化的能力越强，即节流阀的流量稳定性越好。在其他量不变的情况下，φ 越小，k 值越大，因此说明薄壁孔口（$\varphi = 0.5$）比细长孔口（$\varphi = 1$）节流要好，目前节流阀多采用薄壁孔口式节流口。

② 最小稳定流量和流量调节范围。节流阀在阀口开度微小时，会出现流量不稳定的异常现象，使系统不能正常工作。阀口前、后压差越大，开始出现流量不稳定的开度越大。即压差越大，更易发生流量不稳定。所以，每一个节流阀在规定的工作压力范围内，都存在一个能正常工作的最小流量限制，称为节流阀的最小稳定流量，它是流量控制范围的下限，也是节流阀的主要性能指标之一。

流量调节范围是指通过节流阀的最大流量和最小流量之比，一般在 50 以上。

③ 压力损失。节流阀全开并通过额定流量时，进、出口之间的压力差值称为压力损失。

(3) 普通节流阀的典型应用

普通节流阀主要用于负载变化不大或对速度控制精度要求不高的节流调速系统中，通过调节进入执行元件的流量，进而达到调速的目的。

5.4.2　调速阀

(1) 调速阀的基本结构及工作原理

普通节流阀在工作时，若作用于执行元件上的负载发生变化，将会引起节流阀两端的压差变化，从而导致流过节流阀的流量随之变化，最终引起执行元件的速度随负载变化而变化。为了使执行元件的速度不随负载的变化而变化，就需要采取措施，使流量阀节流口两端的压差不随负载而变。调速阀即是一种常用的可保持流量基本恒定的流量控制阀。

调速阀由一个定差减压阀和一个节流阀串联组合而成。节流阀用来调节流量，定差减压阀用来保证节流阀前后的压力差 Δp 不受负载变化的影响，从而使通过节流阀的流量保持稳定。

如图 5-41 所示为调速阀的结构原理及图形符号，它是由定差减压阀 1 和节流阀 2 串联而成的。减压阀进口压力为 p_1，出口压力为 p_2，节流阀出口压力为 p_3。若负载增加，使 p_3 增大的瞬间，减压阀向左推力增大，使减压阀的阀芯左移，阀口开大，阀口液阻减小，使 p_2 也增大，其差值（$\Delta p = p_2 - p_3$）基本保持不变。同理，当负载减小，p_3 减小时，减压阀阀芯右移，阀口减小，阀口液阻增大，p_2 也减小，其差值亦不变。因此调速阀适用于负载变化较大、速度平稳性要求较高的液压系统。

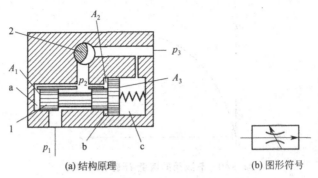

(a) 结构原理　　　　　　　　(b) 图形符号

图 5-41　调速阀的结构原理及图形符号

1—定差减压阀；2—节流阀；a—阀芯小端左腔；b—阀芯大端左腔；

c—阀芯大端右腔；$A_1 \sim A_3$—阀芯 a、b、c 的有效作用面积

（2）调速阀的主要性能

调速阀的流量-压差特性曲线如图 5-42 所示。从图中可以看出，当压差 Δp 很小时，因减压阀阀芯被弹簧推至最下端，减压阀阀口全开，失去其减压稳压作用，此时调速阀流量-压差特性与节流阀相同，即它们在这一段的曲线是重合的。当压差大于其最小值 Δp_{min} 后，调速阀的流量基本保持恒定。所以调速阀正常工作需有 0.5～1MPa 的最小压差。

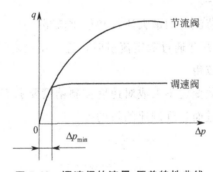

图 5-42　调速阀的流量-压差特性曲线

根据图 5-42，比较节流阀和调速阀的流量-压差特性曲线，可以看出调速阀的流量稳定性要比节流阀好得多，因而适合速度稳定性要求高的场合。

（3）调速阀的典型应用

调速阀的主要功用还是用于调速，常用于负载变化大而对速度控制精度要求较高的场合；在需要进行速度换接的系统中，也可以用两个调速阀串联或并联在一起使用，实现两种工进速度的换接。

 其他液压阀

5.5.1　插装阀

（1）插装阀的结构及工作原理

插装阀是将其基本组件插入特定的通道块内，配以盖板、先导阀等组成的一种多功能复

合阀，插装阀的主流产品是二通盖板式插装阀。

插装阀基本组件由阀芯、阀套、弹簧和密封圈等组成，与通道块组合使用时，才能实现对系统油液方向、压力和流量的控制。

插装阀的结构原理及图形符号如图 5-43 所示。由阀套 2、阀芯 3 和弹簧 4 组成的插装阀组件，通过控制盖板 5 压入通道块 1 中，通过先导阀（电阀换向阀）的动作，控制油液的流向，使插装阀实现相应的功能。如图 5-43（a）所示，插装阀相当于一个液控单向阀。图中 A 和 B 为主油路的两个工作油口，K 为控制油口（与先导阀相接）。当 K 口没有压力油作用时，阀芯受到的向上的液压力大于弹簧力，阀芯开启，A 与 B 相通。反之，当 K 口有液压力作用时，且 K 口的油液压力大于 A 和 B 口的油液压力，A 与 B 之间关闭。

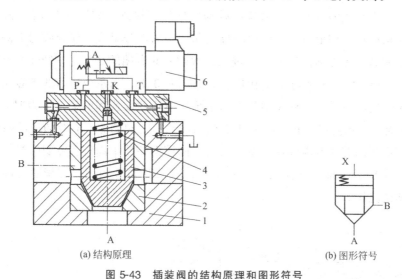

(a) 结构原理　　　　　　(b) 图形符号

图 5-43　插装阀的结构原理和图形符号

1—通道块；2—阀套；3—阀芯；4—弹簧；5—控制盖板；6—先导控制阀

（2）插装阀的特点及应用

插装阀的阀芯结构简单，动作灵敏，与普通的液压阀相比具有通流能力大、密封性好、泄漏小、功率损失小、易于实现集成等优点，特别适合于大流量液压系统，被广泛应用于多种工程机械、物料搬运机械和农业机械行业。

插装阀按功能分为方向插装阀、压力插装阀和流量插装阀；插装阀还可以组合应用，用不同类型的插装阀与插装阀或插装阀与普通液压阀进行组合构成方向、压力、流量复合插装阀；插装阀还可以组成插装阀回路或系统。

如图 5-44 中，图 5-44（a）为相当于节流阀的插装阀，图 5-44（b）为相当于二位三通换向阀的复合插装阀。图 5-44（c）为相当于液控单向阀的复合插装阀。

5.5.2　叠加阀

叠加阀是在板式阀集成化基础上发展起来的，其实现各类控制功能的原理与普通阀相同，也可以分为叠加式方向阀、叠加式压力阀和叠加式流量阀。每个叠加阀不仅具有控制功能，还兼有油液通道的作用。

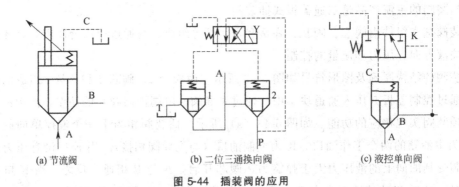

(a) 节流阀　　　　　　(b) 二位三通换向阀　　　　　　(c) 液控单向阀

图 5-44　插装阀的应用

现以叠加式先导式溢流阀为例来说明叠加阀的工作原理。如图 5-45 所示为叠加式先导式溢流阀的结构原理及图形符号，它由先导阀和主阀两部分组成，先导阀为锥阀，主阀相当于锥阀式的单向阀。压力油由进油口 P 进入主阀阀芯 6 右端的 e 腔，并经阀芯上阻尼孔 d 流至主阀阀芯 6 左端 b 腔，再经小孔 a 作用于锥阀阀芯 3 上。当系统压力低于溢流阀调定压力时，锥阀关闭，主阀也关闭，阀不溢流；当系统压力达到溢流阀的调定压力时，锥阀阀芯 3 打开，b 腔的油液经锥阀口及孔 c 由油口 T 流回油箱，主阀阀芯 6 右腔的油经阻尼孔 d 向左流动，于是使主阀阀芯的两端油液产生压力差。此压力差使主阀阀芯克服弹簧 5 而左移，主阀阀口打开，实现了自油口 P 向油口 T 的溢流。调节弹簧 2 的预压缩量便可调节溢流阀的调整压力，即溢流压力。

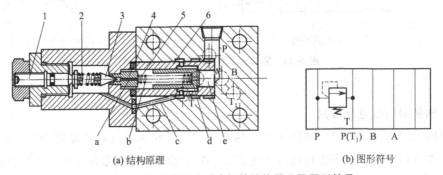

(a) 结构原理　　　　　　　　　　　　　(b) 图形符号

图 5-45　叠加式先导式溢流阀的结构原理及图形符号

1—推杆；2—弹簧；3—锥阀阀芯；4—阀座；5—弹簧；6—主阀阀芯

与其他液压阀相比，叠加阀具有结构紧凑、体积小、重量轻；组装简便，周期短；调整、更换、增减液压元件简单方便；无管连接，能量损耗小，外观整齐，便于维护保养等特点。

叠加阀自成体系，每一种通径系列的叠加阀，其主油路通道和螺钉孔的大小、位置、数量都与相应通径的板式换向阀相同。因此，将同一通径系列的叠加阀互相叠加，可直接连接而组成集成化液压系统。

如图 5-46 所示为叠加式液压装置示意。最下面的是底板，底板上有进油孔、回油孔和通向液压执行元件的油孔，底板上面第一个元件一般是压力表开关，然后依次向上叠加各压力控制阀和流量控制阀，最上层为换向阀，用螺栓将它们紧固成一个叠加阀组。一般一个叠

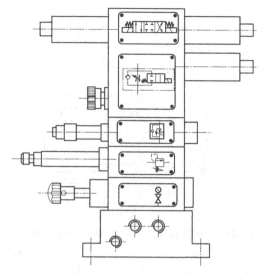

图 5-46　叠加式液压系统装置示意

加阀组控制一个执行元件。如果液压系统有几个需要集中控制的液压元件，则用多联底板，并排在上面组成相应的几个叠加阀组。

5.5.3　电液控制阀

以上各小节所述液压阀均为普通液压阀，它们一般适用于液压传动系统中。液压传动系统以传递动力为主，追求传动特性的完善，所以用普通液压阀即可。然而对于液压控制系统来说，用普通液压阀则不能满足要求，因为液压控制系统以传递信息为主，追求控制性能的完善，在液压控制系统中通常用电液控制阀。

电液控制阀是电子技术与液压技术相结合发展的一类液压阀。它们可以实现对液压系统压力或流量的连续自动控制，可以用较小功率的输入信号（电信号）获得较大功率的输出信号（压力或流量），常用于液压控制系统中进行闭环控制，且易于实现远距离遥控及计算机控制。

电液控制阀包括电液伺服阀、电液比例阀和电液数字阀。

（1）电液伺服阀

电液伺服阀通常由电-机械转换元件（力马达或力矩马达）、先导级阀、主阀和检测反馈机构组成。电-机械转换元件用于将输入的电信号转换为力或力矩，经先导级阀接受此力或力矩并将其转换为驱动主阀的液压力，再经主阀将先导级阀的液压力转换为流量或压力的输出；设在阀内部的检测反馈机构用于将先导阀或主阀控制口的压力、流量或阀芯的位移反馈到先导级阀的输入端，实现输入、输出的比较，从而提高阀的控制精度。

电液伺服阀的种类很多，其中喷嘴挡板式力反馈电液伺服阀使用较多，且多用于控制流量较大的系统中。如图 5-47 所示为喷嘴挡板式力反馈电液伺服阀的结构原理。它主要由力矩马达、双喷嘴挡板先导级阀和四凸肩的功率级滑阀三部分组成。弹簧管 11 支承衔铁 3 和挡板 5，其下端球头插入主阀芯 9 中间的槽内。左、右各一个喷嘴 6，两个喷嘴 6 及挡板 5

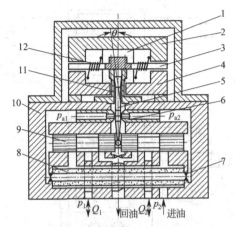

图 5-47　喷嘴挡板式力反馈电液伺服阀的结构原理

1—永久磁铁；2—上导磁铁；3—衔铁；4—下导磁铁；5—挡板；6—喷嘴；

7—固定节流孔；8—过滤器；9—主阀芯；10—阀体；11—弹簧管；12—线圈

间形成可变液阻节流孔。当线圈 12 无电信号输入时，衔铁 3、挡板 5 和主阀芯 9 都处于中位。当线圈 12 通入电流后，在衔铁 3 两端产生磁力，使衔铁 3 克服弹簧管 11 的弹性反作用力而偏转一定的角度，并偏转到磁力所产生的力矩与弹性反作用力所产生的反力矩平衡时为止。同时，挡板 5 因随衔铁 3 偏转而发生挠曲，离开中位，造成它与两个喷嘴 6 间的间隙不等。通入伺服阀的压力油经过滤器 8、两个对称的固定节流孔 7 和左、右喷嘴 6 流出，通向回油。当喷嘴与挡板的两个间隙不等时，两喷嘴后侧的压力不相等，它们作用在主阀芯 9 左、右端面上，使主阀芯 9 向相应方向移动一小段距离，同时打开滑阀进油和回油节流边，使压力油经过滑阀一侧控制口流向执行元件，执行元件回油则经滑阀另一阀口通向油箱。弹簧管 11 下端球头随主阀芯 9 移动，对衔铁组件施加一个反力矩。弹簧管 6 将主阀芯 9 的位移转换为力并反馈到力矩马达，后果是使主阀芯两端的压差减小。当主阀芯 9 的液压作用力与挡板 7 下端球头因位移而产生的反作用力达到平衡时，主阀芯 9 就不再移动，并一直使其阀口保持在这一开度上，此时通过滑阀的流量基本保持不变。当改变输入线圈 12 中的电流时，伺服阀的流量也与之成正比地发生改变。

以四通电液伺服控制阀为例，其图形符号如图 5-48 所示。

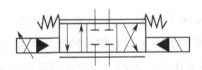

图 5-48　四通电液伺服控制阀的图形符号

电液伺服阀具有动态响应快、控制精度高、使用寿命长等优点，已广泛应用于航空、航天、舰船、冶金、化工等领域的电液伺服控制系统中。

（2）电液比例阀

电液比例阀简称比例阀，它是一种把输入的电信号按比例地转换成力或位移，从而对压力、流量等参数进行连续控制的一种液压阀。比例阀是采用比例电磁铁作为电-机械的转换元件。它根据输入的电信号产生相应动作，使工作阀阀芯产生位移，阀口尺寸发生改变并以此完成与输入电信号成比例的压力、流量输出的元件。

比例阀由直流比例电磁铁与液压阀两部分组成。其液压阀部分与一般液压阀差别不大，而直流比例电磁铁和一般电磁阀所用的电磁铁不同，比例电磁铁要求吸力（或位移）与输入电流成比例。比例阀按用途和结构不同可分为比例压力阀、比例流量阀、比例方向阀三大类。现以比例溢流阀为例说明电液比例阀的工作原理、图形符号及典型应用。

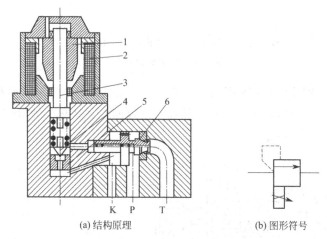

(a) 结构原理　　　　　　(b) 图形符号

图 5-49　先导式比例溢流阀的结构原理及图形符号

1—比例电磁铁；2—线圈；3—推杆；4—先导阀芯；5—导阀座；6—主阀阀芯；

P—进油口；T—回油口；K—远程控制口

如图 5-49 所示为先导式比例溢流阀的结构原理及图形符号。当线圈 2 输入电信号时，比例电磁铁 1 便产生一个相应的电磁力，它通过推杆 3 作用于先导阀芯 4，从而使先导阀的控制压力与电磁力成比例，即与输入信号电流成比例，因此比例溢流阀进油口压力的升降与输入信号电流的大小成比例。若输入信号电流是连续、按比例或按一定程序变化，则比例溢流阀所调节的系统压力也连续按比例或按一定程序进行变化。

与普通液压阀相比，比例阀使油路简化，元件数量少；能实现远距离控制，自动化程度高；能连续地、按比例地对油液的压力、流量或方向进行控制，从而实现对执行机构的位置、速度和力的连续控制，并能防止或减小压力、速度变换时的冲击。

比例阀广泛应用于要求对液压参数连续控制或程序控制，但不需要很高控制精度的液压系统中。如图 5-50 所示为利用比例溢流阀调压的无级调压回路。改变比例溢流阀的输入电流 I，即可控制系统获得多级工作压力。它比利用普通溢流阀的多级调压回路所用液压元件数量少，回路简单，且能对系统压力进行连续控制。

(3) 电液数字阀

电液数字阀简称数字阀，它是用计算机数字信号直接控制压力、流量和方向的一类阀。按功用划分可分为数字式流量阀、数字式压力阀、数字式方向阀；按控制方式划分可分为增量式和脉宽调制式。

增量式数字阀是由步进电动机作为电-机械转换器来驱动液压阀芯工作的。如图 5-51 所

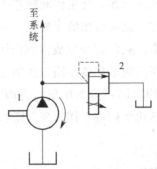

图 5-50 利用比例溢流阀调压的无级调压回路

1—液压泵；2—电液比例溢流阀

示为数字流量阀的结构原理及图形符号。如图 5-51（a）所示，步进电动机 1 直接用数字方式控制，计算机发出信号后，步进电机 1 转动，滚珠丝杠 2 转化为轴向位移，带动节流阀阀芯 3 移动，实现对流量的控制。

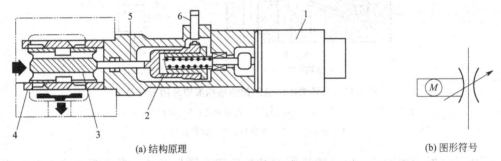

(a) 结构原理　　　　　　　　　　　　　　　　　　　　(b) 图形符号

图 5-51 数字流量控制阀的结构原理及图形符号

1—步进电动机；2—滚珠丝杠；3—阀芯；4—阀套；5—连杆；6—零位移传感器

数字阀可直接与计算机接口，不需 D/A 转换器，结构简单；价廉；抗污染能力强，操作维护更简单；而且数字阀的输出量准确、可靠地由脉冲频率或宽度调节控制，抗干扰能力强；可得到较高的开环控制精度等。数字阀适用于计算机实时控制的电液控制系统中。

第6章 液压辅助元件

液压系统中的辅助元件，是指除液压动力元件、执行元件和控制调节元件以外的其他各类组成元件，如蓄能器、滤油器、油箱、热交换器、管件等，它们虽被称为辅助元件，但却是液压系统中不可缺少的组成部分，它们对系统的动态性能、工作稳定性、工作寿命、噪声和温升等都有直接影响，必须予以重视。

6.1 油箱

6.1.1 油箱的功用和结构

油箱的基本功用：储存工作介质；散发系统工作中产生的热量；分离油液中混入的空气、沉淀污染物及杂质。

液压系统中的油箱按工作原理分类有开式和闭式两类；按结构特征分有整体式和分离式两种。

整体式油箱利用主机的内腔作为油箱，这种油箱结构紧凑，各处漏油易于回收，但增加了设计和制造的复杂性，维修不便，散热条件不好，且会使主机产生热变形。分离式油箱单独设置，与主机分开，减少了油箱发热和液压源振动对主机工作精度的影响，因此得到了普遍应用，特别是用在精密机械上。

开式油箱应用广泛，适用于一般的液压系统。开式油箱的典型结构如图 6-1 所示。由图可见，油箱内部用隔板 7、9 将吸油管 1 与回油管 4 隔开。顶部、侧部和底部分别装有过滤

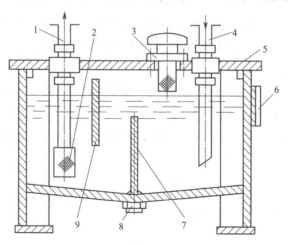

图 6-1 开式油箱的典型结构

1—吸油管；2—网式过滤器；3—空气过滤器；4—回油管；

5—顶板；6—液位计；7，9—隔板；8—放油阀

网 3、液位计 6 和排放污油的放油阀 8。液压泵及其驱动电动机安装在顶板 5 上。

闭式油箱则用于水下或高空无稳定气压的场合。对于充气式的闭式油箱，它不同于开式油箱之处，在于油箱是整个封闭的，顶部有一根充气管，可送入 0.05～0.07MPa 过滤纯净的压缩空气。空气或者直接与油液接触，或者被输入到蓄能器式的皮囊内不与油液接触。这种油箱的优点是改善了液压泵的吸油条件，但它要求系统中的回油管、泄油管承受背压。油箱本身还须配置安全阀、压力表等元件以稳定充气压力，因此它只在特殊场合下使用。

6.1.2　油箱的设计要点

① 油箱容量的确定是油箱设计的关键，油箱的有效容积（油面高度为油箱高度 80% 时的容积）应根据液压系统发热、散热平衡的原则来计算，这项计算在系统负载较大、长期连续工作时是必不可少的。但对于一般情况来说，油箱的有效容积可以按液压泵的额定流量 q_P(L/min) 估计出来。例如，适用于机床或其他一些固定式机械的估算式为

$$V = \zeta q_P \tag{6-1}$$

式中，V 为油箱的有效容积，L；ζ 为与系统压力有关的经验系数，低压系统 $\zeta = 2 \sim 4$，中压系统 $\zeta = 5 \sim 7$，高压系统 $\zeta = 10 \sim 12$。

② 泵的吸油管与系统回油管之间的距离应尽可能远些，管口都应插于最低液面以下。回油管口应截成 45° 斜角，以增大回流截面，并使斜面对着箱壁，以利散热和沉淀杂质。

③ 在油箱中设置隔板，以便将吸、回油隔开，迫使油液循环流动，利于散热和沉淀。

④ 设置空气滤清器与液位计。空气滤清器的作用是使油箱与大气相通，并滤除空气中的灰尘杂物，有时也兼作加油口，它一般布置在顶盖上靠近油箱边缘处。

⑤ 设置放油口与清洗窗口。将油箱底面做成斜面，在最低处设放油口，平时用螺塞或放油阀堵住，换油时将其打开放走油污。为了便于换油时清洗油箱，大容量的油箱一般均在侧壁设清洗窗口。

⑥ 最高油面只允许达到油箱高度的 80%，油箱底脚高度应在 150mm 以上，以便散热、搬移和放油，油箱四周要有吊耳，以便起吊装运。

⑦ 油箱正常工作温度应在 15～66℃ 之间，必要时应安装温度控制系统，或设置加热器和冷却器。

 **过滤器**

6.2.1　过滤器的功用和类型

过滤器的功用是过滤混在液压油液中的杂质，降低进入系统中油液的污染度，保证系统

正常地工作。

按过滤精度（滤去杂质的颗粒大小）的不同，过滤器有粗过滤器、普通过滤器、精密过滤器和特精过滤器四种。它们分别能滤去大于 $100\mu m$、$10\sim100\mu m$、$5\sim10\mu m$ 和 $1\sim5\mu m$ 大小的杂质。按滤芯材料的过滤机制来分，过滤器有表面型过滤器、深度型过滤器和吸附型过滤器三种。

（1）表面型过滤器

整个过滤作用是由一个几何面来实现的。滤下的污染杂质被截留在滤芯元件靠油液上游的一面。在这里，滤芯材料具有均匀的标定小孔，可以滤除比小孔尺寸大的杂质。由于污染杂质积聚在滤芯表面上，因此它很容易被阻塞住。编网式滤芯和线隙式滤芯属于这种类型。

（2）深度型过滤器

这种滤芯材料为多孔可透性材料，内部具有曲折迂回的通道。大于表面孔径的杂质直接被截留在外表面，较小的污染杂质进入滤材内部，撞到通道壁上，由于吸附作用而得到滤除。滤材内部曲折的通道也有利于污染杂质的沉积。纸心、毛毡、烧结金属、陶瓷和各种纤维制品等属于这种类型。

（3）吸附型过滤器

这种滤芯材料把油液中的有关杂质吸附在其表面上。磁芯即属于此类。

常见过滤器的结构简图及特点示于表 6-1 中。

表 6-1　常见过滤器的结构简图及其特点

类型	结构简图	特点说明
表面型	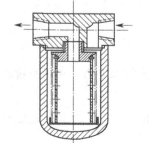	过滤精度与铜丝网层数及网孔大小有关。在压力管路上常用 100 目、150 目、200 目（每英寸长度上孔数）的铜丝网，在液压泵吸油管路上常采用 20～40 目铜丝网 压力损失不超过 0.004MPa 结构简单，通流能力大，清洗方便，但过滤精度低
		滤芯由绕在芯架上的一层金属线组成，依靠线间微小间隙来挡住油液中杂质的通过 压力损失为 0.03～0.06MPa 结构简单，通流能力大，过滤精度高，但滤芯材料强度低，不易清洗 用于低压管道中，当用在液压泵吸油管上时，它的流量规格宜选得比泵大

类型	结构简图	特点说明
深度型	A—A	结构与线隙式相同,但滤芯为平纹或波纹的酚醛树脂或木浆微孔滤纸制成的纸芯。为了增大过滤面积,纸芯常制成折叠形 压力损失为 0.01～0.04MPa 过滤精度高,但堵塞后无法清洗,必须更换纸芯 通常用于精过滤
		滤芯由金属粉末烧结而成,利用金属颗粒间的微孔来挡住油中杂质通过。改变金属粉末的颗粒大小,就可以制出不同过滤精度的滤芯 压力损失为 0.03～0.2MPa 过滤精度高,滤芯能承受高压,但金属颗粒易脱落,堵塞后不易清洗 适用于精过滤
吸附型		滤芯由永久磁铁制成,能吸住油液中的铁屑、铁粉、可带磁性的磨料 常与其他形式滤芯合起来制成复合式过滤器 对加工钢铁件的机床液压系统特别适用

6.2.2 过滤器的主要性能指标

(1) 过滤精度

过滤精度表示过滤器对各种不同尺寸的污染颗粒的滤除能力,用绝对过滤精度、过滤比和过滤效率等指标来评定。

绝对过滤精度是指通过滤芯的最大坚硬球状颗粒的尺寸,它反映了过滤材料中最大通孔尺寸,可以用试验的方法进行测定。

过滤比是指过滤器上游油液单位容积中大于某给定尺寸的颗粒数与下游油液单位容积中

大于同一尺寸的颗粒数之比。过滤比能确切地反映过滤器对不同尺寸颗粒污染物的过滤能力，它已被国际标准化组织采纳作为评定过滤器过滤精度的性能指标。一般要求系统的过滤精度要小于运动副间隙的一半。此外，压力越高，对过滤精度要求越高。

（2）压降特性

液压回路中的过滤器对油液流动来说是一种阻力，因而油液通过滤芯时必然要出现压力降。一般来说，在滤芯尺寸和流量一定的情况下，滤芯的过滤精度越高，压力降越大；在流量一定的情况下，滤芯的有效过滤面积越大，压力降越小；油液的黏度越大，流经滤芯的压力降也越大。滤芯所允许的最大压力降，应以不致使滤芯元件发生结构性破坏为原则。

（3）纳垢容量

这是指过滤器在压力降达到其规定限值之前可以滤除并容纳的污染物数量，这项性能指标可以用多次通过性试验来确定。过滤器的纳垢容量越大，使用寿命越长，所以它是反映过滤器寿命的重要指标。一般来说，滤芯尺寸越大，即过滤面积越大，纳垢容量就越大。增大过滤面积，可以使纳垢容量至少成比例地增加。

6.2.3 过滤器的选用和安装

（1）过滤器的选用

选用过滤器时，要考虑下列几点。

① 过滤精度应满足预定要求。

② 能在较长时间内保持足够的通流能力。

③ 滤芯具有足够的强度，不因液压的作用而损坏。

④ 滤芯抗腐蚀性能好，能在规定的温度下持久地工作。

⑤ 滤芯清洗或更换简便。

因此，过滤器应根据液压系统的技术要求，按过滤精度、通流能力、工作压力、油液黏度、工作温度等条件选定其型号。

（2）过滤器的安装

过滤器在液压系统中的安装位置通常有以下几种。

① 装在泵的吸油口处。液压泵的吸油路上一般都安装有表面型过滤器，如图 6-2 所示，

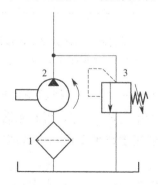

图 6-2 过滤器安装在吸油管路上的液压回路

1—过滤器；2—液压泵；3—溢流阀

目的是滤去较大的杂质微粒以保护液压泵，此处过滤器的过滤能力应为泵流量的 2 倍以上，压力损失小于 0.02MPa。

② 安装在泵的出口油路上。如图 6-3 所示，安装过滤器 3 的目的是用来滤除可能侵入阀类等元件的污染物。其过滤精度应为 $10\sim15\mu m$，且能承受油路上的工作压力和冲击压力，压力降应小于 0.35MPa。同时应安装安全阀以防过滤器堵塞。

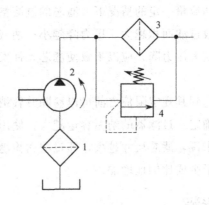

图 6-3　过滤器安装在泵的出口油路上

1，3—过滤器；2—液压泵；4—溢流阀（安全阀）

③ 安装在系统的回油路上。如图 6-4 所示，这种安装起间接过滤作用。一般与过滤器并联安装一个背压阀 2，当过滤器堵塞达到一定压力值时，背压阀打开。

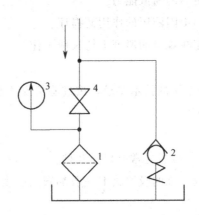

图 6-4　过滤器安装在回油管路上的液压回路

1—过滤器；2—单向阀（背压阀）；3—压力表；4—截止阀

④ 安装在系统分支油路上。如图 6-5 所示，把过滤器安装在经常只通过泵流量 $20\%\sim30\%$ 流量的分支油路上，这种方式称为局部过滤，可起到间接保护系统的作用。

⑤ 独立油液过滤回路。大型液压系统可专设一个液压泵和过滤器组成独立油液过滤回路，如图 6-6 所示。

液压系统中除了整个系统所需的过滤器外，还常常在一些重要元件（如伺服阀、精密节流阀等）的前面单独安装一个专用的精过滤器来确保它们的正常工作。

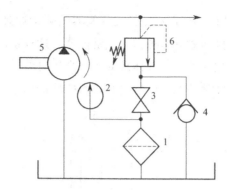

图 6-5　过滤器安装在分支油路上的液压回路

1—过滤器；2—压力表；3—截止阀；4—单向阀；5—单向定量泵；6—溢流阀

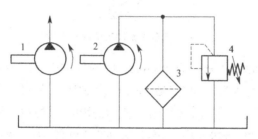

图 6-6　独立油液过滤回路

1，2—单向定量泵；3—过滤器；4—溢流阀

6.3 蓄能器

6.3.1 蓄能器的功用和类型

（1）蓄能器的功用

蓄能器的功用主要是储存油液多余的压力能，并在需要时释放出来。在液压系统中蓄能器的作用如下。

① 在短时间内供应大量压力油液。实现周期性动作的液压系统，在系统不需大量油液时，可以把液压泵输出的多余压力油液储存在蓄能器内，到需要时再由蓄能器快速释放给系统。这样就可使系统选用流量等于循环周期内平均流量的液压泵，以减小电动机功率消耗，降低系统温升。

② 维持系统压力。在液压泵停止向系统供油的情况下，蓄能器能把储存的压力油液供给系统，补偿系统泄漏或充当应急能源，使系统在一段时间内维持压力，避免停电或系统发生故障时油源突然中断所造成的机件损坏。

③ 减小液压冲击或压力脉动。蓄能器能吸收压力脉动，减小液压冲击，大大减小其幅值。

（2）蓄能器的类型

蓄能器主要有充气式、弹簧式和重力加载式三大类，其中充气式又包括气瓶式、活塞式和皮囊式三种。重力加载式蓄能器，体积庞大，结构笨重，反应迟钝，现在工业上已很少应用。

① 气瓶式蓄能器。如图 6-7 所示为气瓶式蓄能器的结构原理，气体和油液在蓄能器中直接接触，故又称气液直接接触式（非隔离式）蓄能器。这种蓄能器容量大、惯性小、反应灵敏、外形尺寸小，没有摩擦损失。但气体易混入（高压时溶入）油液中，影响系统工作平稳性，而且耗气量大，必须经常补充。所以气瓶式蓄能器适用于中、低压大流量系统。

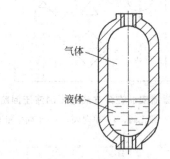

图 6-7　气瓶式蓄能器的结构原理

② 活塞式蓄能器。如图 6-8 所示为活塞式蓄能器的结构原理。这种蓄能器利用活塞将气体和油液隔开，属于隔离式蓄能器。其特点是气液隔离、油液不易氧化、结构简单、工作可靠、寿命长、安装和维护方便，但由于活塞惯性和摩擦阻力的影响，导致其反应不灵敏，容量较小，所以对缸筒加工和活塞密封性能要求较高。一般用来储能或供高、中压系统作吸收脉动之用。

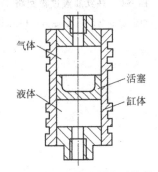

图 6-8　活塞式蓄能器的结构原理

③ 皮囊式蓄能器。如图 6-9 所示为皮囊式蓄能器的结构原理。这种蓄能器主要由壳体

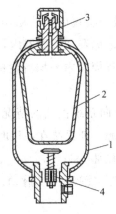

图 6-9　皮囊式蓄能器的结构原理

1—壳体；2—皮囊；3—充气阀；4—进油阀

1、皮囊 2、进油阀 4 和充气阀 3 等组成，气体和液体由皮囊隔开。壳体是一个无缝耐高压的外壳，皮囊用特殊耐油橡胶作原料与充气阀一起压制而成。进油阀是一个由弹簧加载的提升阀，它的作用是防止油液全部排出时气囊被挤出壳体之外。充气阀只在蓄能器工作前用来为皮囊充气，蓄能器工作时则始终关闭。这种蓄能器具有惯性小、反应灵敏、尺寸小、重量轻、安装容易、维护方便等优点。

④ 弹簧加载式蓄能器。这种蓄能器的结构原理如图 6-10 所示，它利用弹簧的压缩能来储存能量，产生的压力取决于弹簧的刚度和压缩量。它的特点是结构简单、反应较灵敏，但容量小、有噪声，使用寿命取决于弹簧的寿命。所以不宜用于高压和循环频率较高的场合，一般在小容量或低压系统中作缓冲之用。

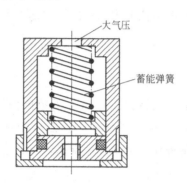

图 6-10　弹簧加载式蓄能器的结构原理

⑤ 重力加载式蓄能器。这种蓄能器的结构原理如图 6-11 所示，它利用重锤的势能变化来储存、释放能量。重锤 2 通过柱塞 1 作用在油液上，蓄能器产生的压力取决于重锤的质量和柱塞的大小。它的特点是结构简单、压力恒定，能提供大容量、压力高的油液，但它体积大、笨重、运动惯性大、反应不灵敏、密封处易泄漏、摩擦损失大，因此常用于大型固定设备。

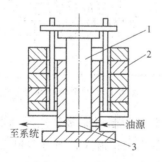

图 6-11　重力加载式蓄能器的结构原理

1—活塞；2—重锤；3—油液

6.3.2　蓄能器的使用和安装

蓄能器在液压回路中的安放位置随其功用而不同：吸收液压冲击或压力脉动时宜放在冲击源或脉动源近旁；补油保压时宜放在尽可能接近有关的执行元件处。

使用蓄能器须注意如下几点。

① 充气式蓄能器中应使用惰性气体（一般为氮气），允许工作压力视蓄能器结构形式而定，如皮囊式为 3.5～32MPa。

② 不同的蓄能器各有其适用的工作范围，如皮囊式蓄能器的皮囊强度不高，不能承受很大的压力波动，且只能在－20～70℃的温度范围内工作。

③ 皮囊式蓄能器原则上应垂直安装（油口向下），只有在空间位置受限制时才允许倾斜或水平安装。

④ 装在管路上的蓄能器须用支板或支架固定。

⑤ 蓄能器与管路系统之间应安装截止阀，供充气、检修时使用。蓄能器与液压泵之间应安装单向阀，防止液压泵停车时蓄能器内储存的压力油液倒流。

6.4 热交换器

液压系统的工作温度一般希望保持在 30～50℃ 的范围内，最高不超过 65℃，最低不低于 15℃，如果液压系统靠自然冷却仍不能使油温控制在上述范围内时，就须安装冷却器；反之，如环境温度太低，无法使液压泵启动或正常运转时，就须安装加热器。

6.4.1 冷却器

液压系统中的冷却器，最简单的是蛇形管冷却器，如图 6-12 所示，它直接装在油箱内，冷却水从蛇形管内部通过，带走油液中的热量。这种冷却器结构简单，但冷却效率低，耗水量大。

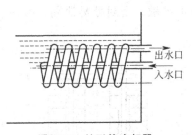

图 6-12 蛇形管冷却器

液压系统中用得较多的冷却器是强制对流多管式冷却器，如图 6-13 所示。油液从进油口流入，从出油口流出；冷却水从进水口流入，通过多根水管后由出水口流出。油液在水管外部流动时，它的行进路线因冷却器内设置了隔板而加长，因而增加了热交换效果。近年来出现一种翅片管式冷却器，水管外面增加了许多横向或纵向的散热翅片，大大扩大了散热面积和热交换效果。

如图 6-14 所示为翅片管式冷却器的一种形式，它是在圆管或椭圆管外嵌套上许多径向翅片，其散热面积可达光滑管的 8～10 倍。椭圆管的散热效果一般比圆管更好。

液压系统亦可用汽车上的风冷式散热器来进行冷却。这种用风扇鼓风带走流入散热器内油液热量的装置不须另设通水管路，结构简单，价格低廉，但冷却效果较水冷式差。

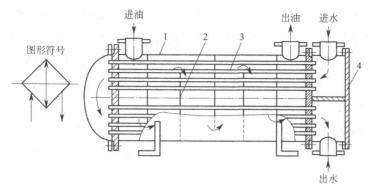

图形符号

图 6-13　强制对流多管式冷却器

1—壳体；2—隔板；3—冷却水管；4—端盖

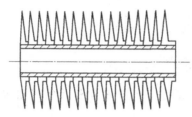

图 6-14　翅片管式冷却器的一种形式

　　一般冷却器的最高工作压力在 1.6MPa 以内，所造成的压力损失为 0.01～0.1MPa。冷却器应安放在回油路或低压管路上。如溢流阀的出口、系统的主回油路上或单独的冷却系统。

6.4.2　加热器

　　液压系统的加热一般采用电加热器，这种加热器的安装方式如图 6-15 所示，它用法兰盘水平安装在油箱侧壁上，发热部分全部浸在油液内，加热器应安装在油液流动处，以利于热量的交换。由于油液是热的不良导体，单个加热器的功率容量不能太大，以免其周围油液的温度过高而发生变质现象。

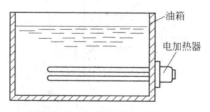

图 6-15　加热器的安装方式

6.5　密封装置

6.5.1　功用及要求

　　密封是解决液压系统泄漏问题最重要、最有效的手段。液压系统如果密封不良，必然出现不允许的内、外泄漏，外泄漏的油液将会污染环境，还可能使空气进入吸油腔，影响液压泵的工作性能和液压执行元件运动的平稳性（爬行）；内泄漏严重时，系统容积效率过低，甚至工作压力达不到要求值。若密封过度，虽可防止泄漏，但会造成密封部分的剧烈磨损，缩短密封件的使用寿命，增大液压元件内的运动摩擦阻力，降低系统的机械效率。因此，合理地选用和设计密封装置在液压系统的设计中十分重要。

对密封装置的基本要求有以下几点。

① 在工作压力和一定的温度范围内，应具有良好的密封性能，并随着压力的增加能自动提高密封性能。

② 密封装置和运动件之间的摩擦力要小，摩擦系数要稳定。

③ 抗腐蚀能力强，不易老化，工作寿命长，耐磨性好，磨损后在一定程度上能自动补偿。

④ 结构简单，使用、维护方便，价格低廉。

6.5.2 密封装置的类型和特点

密封装置按其工作原理来分类，可分为非接触式密封和接触式密封。前者指间隙密封，后者主要指密封圈密封。

(1) 间隙密封

间隙密封是靠相对运动件配合面之间的微小间隙进行密封的，如图 6-16 所示。常用于柱塞、活塞或阀的圆柱配合副中。一般在配合副的外表面（如阀芯上）开上几条等距离的均压槽，它的主要作用是使径向压力分布均匀，减少液压卡紧力，提高对中性，以减小间隙的方法来减少泄漏；同时槽所形成的阻力，对减少泄漏也有很好的作用。均压槽一般宽 0.3～0.5mm，深 0.5～1.0mm。圆柱面配合间隙与直径大小有关，对于阀芯与阀孔一般取 0.005～0.017mm。

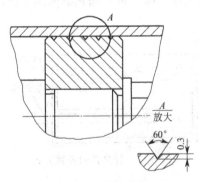

图 6-16　间隙密封

这种密封的优点是摩擦力小，缺点是磨损后不能自动补偿，主要用于直径较小的圆柱面之间，如液压泵内的柱塞与缸体之间，滑阀的阀芯与阀孔之间的配合。

(2) 密封圈密封

密封圈密封是利用橡胶或塑料的弹性使各种截面的环形圈贴紧在静、动配合面之间来防止泄漏的密封装置。密封圈结构简单，制造方便，磨损后有自动补偿能力，密封性能可靠。

密封圈的常用材料为耐油橡胶、尼龙、聚氨酯等。密封圈的材料应具有较好的弹性，适当的强度，耐热和耐磨性能好，摩擦系数小，与金属接触不互相黏着和腐蚀，与液压油有很好的"相容性"。

① O形密封圈。O形密封圈一般用耐油橡胶制成，其横截面呈圆形，它具有良好的密封性能，内外侧和端面都能起密封作用，结构紧凑，运动件的摩擦阻力小，制造容易，装拆方便，成本低，且高低压均可以用，所以在液压系统中得到广泛的应用。

如图6-17所示为O形密封圈的结构和工作情况。图6-17(a)为其外形及截面形状；图6-17(b)为装入密封沟槽的情况，δ_1、δ_2为O形密封圈装配后的预压缩量。O形密封圈的安装沟槽，除矩形外，也有V形、燕尾形、半圆形、三角形等。

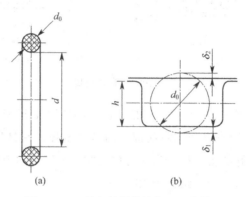

图6-17　O形密封圈的结构和工作情况

当工作压力超过10MPa时，O形密封圈在往复运动中容易被挤入间隙而过早损坏，如图6-18(a)所示。为此要在它的侧面安放聚四氟乙烯挡圈，单向受力时安放一个挡圈，如图6-18(b)所示；双向受力时则在两侧各放一个，见图6-18(c)。

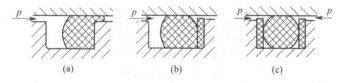

图6-18　O形密封圈挡圈的安装位置

② 唇形密封圈。唇形密封圈根据截面的形状可分为Y形、V形、U形、L形等。其工作原理如图6-19所示。液压力将密封圈的两唇边h_1压向形成间隙的两个零件的表面。这种密封作用的特点是能随着工作压力的变化自动调整密封性能，压力越高则唇边被压得越紧，密封性越好；当压力降低时唇边压紧程度也随之降低，从而减少了摩擦阻力和功率消耗，除此之外，还能自动补偿唇边的磨损，保持密封性能不降低。

在液压缸的密封中，普遍使用如图6-20所示的Y形密封圈作为活塞和活塞杆的密封。其中图6-20(a)所示为轴用密封圈，图6-20(b)所示为孔用密封圈。这种Y形密封圈的特点是断面宽度和高度的比值大，增加了底部支承宽度，可以避免摩擦力造成的密封圈的翻转和扭曲。

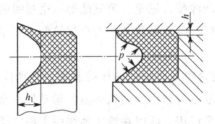

图 6-19　唇形密封圈的工作原理

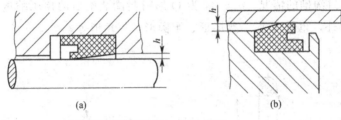

(a)　　　　　　　　(b)

图 6-20　Y 形密封圈

在高压和超高压情况下（压力大于 25MPa），一般使用 V 形密封圈。V 形密封圈的形状如图 6-21 所示，它由多层涂胶织物压制而成，通常由压环、密封环和支承环三个圈叠在一起使用，此时已能保证良好的密封性，当压力更高时，可以增加中间密封环的数量，这种密封圈在安装时要预压紧，所以摩擦阻力较大。

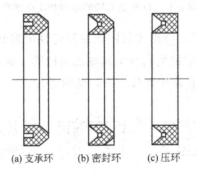

(a) 支承环　　　(b) 密封环　　　(c) 压环

图 6-21　V 形密封圈

唇形密封圈安装时应使其唇边开口面对压力油，使两唇张开，分别贴紧在机件的表面上。

(3) 组合式密封装置

随着液压技术的应用日益广泛，系统对密封的要求越来越高，普通的密封圈单独使用已不能很好地满足密封性能，特别是使用寿命和可靠性方面的要求，因此，研究和开发了由包括密封圈在内的两个以上元件组成的组合式密封装置。

图 6-22(a) 所示为 O 形密封圈与截面为矩形的聚四氟乙烯塑料滑环组成的组合密封装置。其中，滑环 2 紧贴密封面，O 形密封圈 1 为滑环提供弹性预压力，在介质压力等于零时构成密封，由于密封间隙靠滑环，而不是 O 形密封圈，因此摩擦阻力小而且稳定，可以用于 40MPa 的高压。往复运动密封时，速度可达 15m/s；往复摆动与螺旋运动密封时，速度

可达 5m/s。矩形滑环组合密封的缺点是抗侧倾能力稍差，在高低压交变的场合下工作时容易漏油。

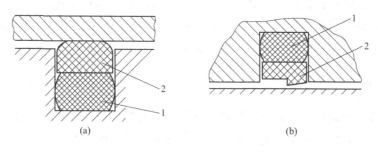

图 6-22 组合式密封装置

1—O 形密封圈；2—滑环

图 6-22(b) 所示为由滑环 2 和 O 形密封圈 1 组成的轴用组合密封，由于滑环与被密封件之间为线密封，其工作原理类似唇边密封。滑环采用一种经特别处理的化合物，具有极佳的耐磨性、低摩擦和保形性，不存在橡胶密封低速时易产生的"爬行"现象，工作压力可达 80MPa。

组合式密封装置由于充分发挥了橡胶密封圈和滑环的长处，因此不仅工作可靠，摩擦力低而稳定，而且使用寿命比普通橡胶密封提高近百倍，在工程上的应用日益广泛。

6.6 管件及压力表辅件

6.6.1 油管

液压系统中使用的油管种类很多，有钢管、铜管、尼龙管、塑料管、橡胶管等。须按照安装位置、工作环境和工作压力来正确选用液压油管。液压系统中使用的油管如表 6-2 所示。

表 6-2 液压系统中使用的油管

种类		特点和适用场合
硬管	钢管	能承受高压，价格低廉，耐油，抗腐蚀，刚性好，但装配时不能任意弯曲；常在装拆方便处用作压力管道，中、高压系统用无缝管，低压系统用焊接管
	紫铜管	易弯曲成各种形状，但承压能力一般不超过 6.5~10MPa，抗振能力较弱，又易使油液氧化；通常用在液压装置内配接不便之处
软管	尼龙管	乳白色半透明，加热后可以随意弯曲成形，冷却后又能定形不变，承压能力因材质而异，自压能力为 2.5~8MPa 不等
	塑料管	质轻耐油，价格便宜，装配方便，但承压能力低，长期使用会变质老化，只宜用作压力低于 0.5MPa 的回油管、泄油管等
	橡胶管	高压管由耐油橡胶夹几层钢丝编织网制成，钢丝编织网层数越多，耐压越高，价昂，用作中、高压系统中两个相对运动件之间的压力管道。低压管由耐油橡胶夹帆布制成，可用作回油管道

液压系统对管路的基本要求：要有足够的强度，能承受系统的最高冲击压力和工作压力；管路与各元件及装置的各连接处要保证密封可靠、不泄漏、不松动；在系统中的不同部位，应选用适当的管径；管路在安装前必须清洗干净，管内不允许有锈蚀、杂质、粉尘、水及其他液体或胶质等污物；管路安装时应避免过多的弯曲，应使用管夹将管路固定，以免产生不必要的振动；管路还应布局合理，排列整齐，方便维修和更换元器件。

6.6.2 管接头

管接头是油管与油管、油管与液压件之间的可拆式连接件，它必须具有装拆方便、连接牢固、密封可靠、外形尺寸小、通流能力大、压降小、工艺性好等各项条件。

管接头的种类很多，其规格和品种可查阅有关手册。液压系统中常用的管接头如表6-3所示。管路旋入端用的连接螺纹采用米制锥螺纹和普通细牙螺纹。

锥螺纹依靠自身的锥体旋紧和采用聚四氟乙烯等进行密封，广泛用于中、低压液压系统；细牙螺纹密封性好，常用于高压系统，但要采用组合垫圈或O形圈进行端面密封，有时也可用紫铜垫圈。

表6-3 液压系统中常用的管接头

名称	结构简图	特点和说明
焊接式管接头	 球形头	(1)连接牢固,利用球面进行密封,简单可靠 (2)焊接工艺必须保证质量,必须采用厚壁钢管,拆装不便
卡套式管接头	 油管 卡套	(1)用卡套卡住油管进行密封,轴向尺寸要求不严,拆装简便 (2)对油管径向尺寸精度要求较高,为此要采用冷拔无缝钢管
扩口式管接头	 油管 管套	(1)用油管管端的扩口在管套的压紧下进行密封,结构简单 (2)适用于铜管、薄壁钢管、尼龙管和塑料管等低压管道的连接
扣压式管接头		(1)用于连接高压软管 (2)在中、低压系统中应用

续表

名称	结构简图	特点和说明
固定铰接管接头	螺钉 组合垫圈 接头体 组合垫圈	（1）是直角接头，优点是可以随意调整布管方向，安装方便，占空间小 （2）接头与管子的连接方法，除本图卡套式外，还可用焊接式 （3）中间有通油孔的固定螺钉把两个组合垫圈压紧在接头体上进行密封

　　液压系统中的泄漏问题大部分都出现在管系中的接头上，为此对管材的选用、接头形式的确定（包括接头设计、垫圈、密封、箍套、防漏涂料的选用等）、管系的设计（包括弯管设计、管道支承点和支承形式的选取等）以及管道的安装（包括正确的运输、储存、清洗、组装等）都要审慎从事，以免影响整个液压系统的使用质量。

6.6.3　压力表辅件

（1）压力表

　　压力表用于观察液压系统中各工作点（如液压泵出口、减压阀之后等）的压力，以便于操作人员把系统调整到要求的工作压力。

　　压力表的种类很多，最常用的是弹簧管式压力表，如图6-23所示。当压力油进入扁截面金属弯管1时，弯管变形而使其曲率半径加大，端部的位移通过杠杆4使齿扇5摆动。于是与齿扇5啮合的小齿轮6带动指针2转动，此时就可在刻度盘3上读出压力值。

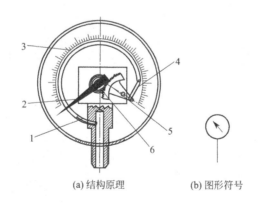

(a) 结构原理　　　　(b) 图形符号

图 6-23　弹簧管式压力表的结构原理及图形符号

1—弯管；2—指针；3—刻度盘；4—杠杆；5—齿扇；6—小齿轮

（2）压力表开关

　　压力表开关用于接通或断开压力表与测量点油路的通道。压力表开关有一点式、三点式、六点式等类型。多点压力表开关可按需要分别测量系统中多点处的压力。

　　如图6-24所示为六点式压力表开关，图示位置为非测量位置，此时压力表油路经小孔a、沟槽b与油箱接通；若将手柄向右推进去，沟槽b将把压力表与测量点接通，并把压力表通往油箱的油路切断，这时便可测出该测量点的压力。如将手柄转到另一个位置，便可测出另一点的压力。

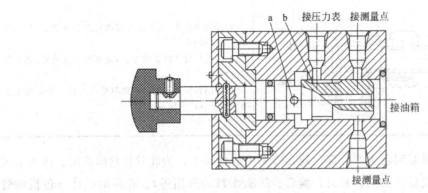

图 6-24　六点式压力表开关

第7章 液压基本回路

任何一个液压系统，无论它所要完成的动作有多么复杂，总是由一些液压基本回路组成的。所谓液压基本回路，就是由一些液压元件组成的，用来完成特定功能的油路结构。例如用来调节液压泵供油压力的调压回路，改变液压执行元件工作速度的调速回路等，都是常见的液压基本回路。

液压基本回路可分为压力控制回路、速度控制回路、方向控制回路、多缸动作控制回路等类型。

压力控制回路：是利用压力控制阀来控制系统整体或某一部分的压力，以满足液压执行元件对力或转矩要求的回路，这类四路包括调压、减压、增压、卸荷和平衡等多种回路。

速度控制回路：包括调节液压执行元件速度的调速回路、使之获得快速运动的快速回路、快速运动和工作进给速度以及工作进给速度之间的速度换接回路等。

方向控制回路：是在液压系统中，起控制执行元件的启动、停止及换向作用的回路。方向控制回路有换向回路和锁紧回路。

多缸动作控制回路：是用来实现多执行装置的顺序、同步等预定的动作要求的回路。

熟悉和掌握这些基本回路的组成、工作原理及应用，是分析、设计和使用液压系统的基础。

7.1 压力控制回路

压力控制回路是液压控制系统中的基本回路，它利用压力阀、变量泵等元件控制系统中的压力，实现调压、稳压、减压、增压、卸载等功能，以满足执行元件对力或转矩的要求。

根据压力控制在液压回路中的部位，可将压力控制回路分为三类。

① 一次压力控制回路，即泵输出压力的控制，包括调压回路（供油压力控制回路）、卸载回路。

② 二次压力控制回路（由一次压力产生另一次压力），包括减压回路、增压回路。

③ 执行元件中的压力控制回路，包括保压回路和力、力矩控制回路等。

在实际的液压控制回路中，有些回路兼备以上①、②或②、③的功能。

7.1.1 调压回路

调压回路用来调定或限制液压系统的最高工作压力，或者使执行元件在工作过程的不同阶段能够实现多种不同的压力变换。调压控制回路包括连续调压回路、多级调压回路、恒压控制回路等。

（1）溢流阀单级调压回路

如图 7-1 所示为溢流阀单级调压回路，该回路由定量泵、溢流阀、液压缸构成，是最基本的调压回路。具有以下几个特点。

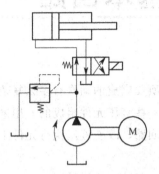

图 7-1　溢流阀单级调压回路

① 溢流阀开启压力可通过调压弹簧调定，如果调整溢流阀调压弹簧的预压缩量，便可设定供油压力的最高值。

② 系统的实际工作压力由负载决定。当外负载压力小于溢流阀调定压力时，溢流阀处无溢流流量，此时溢流阀起安全阀作用。

③ 使用手调式溢流阀时，在系统一个工作循环中，溢流阀的压力不再调整。

④ 图示油路若配置远程调压阀，同样可以实现远程调压。

⑤ 图示油路可靠、价格便宜，但在系统一个工作循环中，溢流阀压力不能调整，而且受溢流阀压力流量特性影响，系统所需流量变化时，系统压力会随之降低或增高。

⑥ 若采用其他输入方式，例如机械式、液压式等，只要通过一定的转换，输入信号的变化能使溢流阀调压弹簧的预压缩量得到相应的改变。便可在系统运行过程中，连续改变系统的供油压力。

（2）溢流阀二级调压及远程调压回路

如图 7-2 所示，当二位二通阀的电磁铁失电时，远程控制油路被切断，系统中的最高供油压力为溢流阀设定压力；当二位二通阀的电磁铁得电时，远程控制油路接通，系统的最高供油压力为远程调压阀设定压力。图示油路压力切换是阶跃式的，有一定的压力超调。远距离操纵可以采用电气或液控等方式，其中电气方式结构简单、控制方便，目前应用广泛。

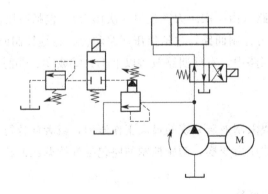

图 7-2　溢流阀二级远程调压回路

（3）双向调压回路

执行元件正反行程需不同的供油压力时，可采用双向调压回路。如图7-3所示的双向调压回路，当二位四通换向阀在右位工作时，活塞杆外伸为工作行程，系统工作压力由溢流阀1调定为较高压力，液压缸右腔油液通过二位四通换向阀回油箱，溢流阀2不起作用；当二位四通换向阀在左位工作时，活塞杆作空程返回，系统工作压力由溢流阀2调定为较低压力。

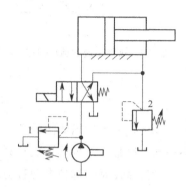

图7-3　双向调压回路

（4）多级远程调压回路

如图7-4所示为多级远程调压回路，将主溢流阀的远程控制口与三位四通电磁换向阀及几个远程调压阀相连，通过换向阀进行油路切换，从而获得多级供油压力。

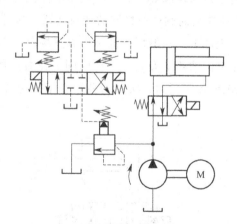

图7-4　多级远程调压回路

（5）比例溢流阀调压回路

如图7-5所示为开环的最基本比例溢流阀调压回路，这类系统中压力控制精度不是考虑的主要因素，更注重的是压力的转换速度、转换过程的平稳性以及压力的远程控制等。根据执行元件行程各阶段中的不同要求，改变输入比例阀的电流，即可方便地随机改变系统的供油压力。回路结构简单，能按预定压力变化规律实现连续无级的调压控制；调压精度取决于溢流阀本身的调压偏差。

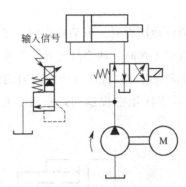

输入信号

图 7-5　比例溢流阀调压回路

7.1.2　卸荷回路

卸荷回路的功用是在液压泵驱动电动机不频繁启闭的情况下，使液压泵在功率输出接近于零的情况下运转，以减少功率损耗，降低系统发热，延长泵和电动机的寿命。液压泵的输出功率等于压力和流量的乘积，因此使液压系统卸荷有两种方法：一种是将液压泵出口的流量通过液压阀的控制直接接回油箱，使液压泵在接近零压的状况下输出流量，这种卸荷方式称为压力卸荷；另一种是使液压泵在输出流量接近零的状态下工作，此时尽管液压泵工作的压力很高，但其输出流量接近零，液压功率也接近零，这种卸荷方式称为流量卸荷。

（1）采用主换向阀中位机能的卸荷回路

在定量泵系统中，利用三位换向阀 M、H、K 型等中位机能的结构特点，可以实现泵的压力卸荷，如图 7-6 所示为采用换向阀中位机能的卸荷回路。这种卸荷回路的结构简单，但当压力较高、流量大时易产生冲击，一般用于低压小流量场合。当流量较大时，可用液动或电液换向阀来卸荷，但应在其回油路上安装一个单向阀（作背压阀用），使回路在卸荷状况下，能够保持有 0.3～0.5MPa 控制压力，实现卸荷状态下对电液换向阀的操纵，但这样会增加一些系统的功率损失。

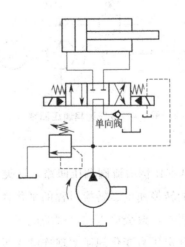

单向阀

图 7-6　采用主换向阀中位机能的卸荷回路

（2）采用二位二通电磁换向阀的卸荷回路

如图 7-7 所示为采用二位二通电磁换向阀的卸荷回路。在这种卸荷回路中，主换向阀的中位机能为 O 型，利用与液压泵和溢流阀同时并联的二位二通电磁换向阀的通与断，实现系统的卸荷与保压功能，但要注意二位二通电磁换向阀的压力和流量参数要完全与对应的液压泵相匹配。

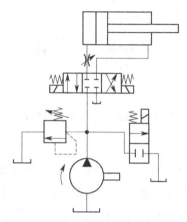

图 7-7　采用二位二通电磁换向阀的卸荷回路

（3）采用先导型溢流阀和电磁阀组成的卸荷回路

如图 7-8 所示是采用二位二通电磁阀控制先导型溢流阀的卸荷回路。当先导型溢流阀的远控口通过二位二通电磁阀接通油箱时，此时液压泵输出的油液以很低的压力经溢流阀主阀口回油箱，实现泵的卸荷。这种卸荷回路可以实现远程控制，同时二位二通电磁阀可选用小流量规格，其卸荷时的压力冲击较采用二位二通电磁换向阀直接卸荷的冲击小很多。

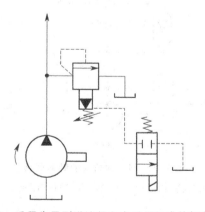

图 7-8　采用先导型溢流阀和电磁阀组成的卸荷回路

（4）采用限压式变量泵的卸荷回路

利用限压式变量泵压力反馈来控制流量变化的特性，可以实现流量卸荷。如图 7-9 所示，系统中的溢流阀作安全阀用，以防止泵的压力补偿装置的零漂和动作滞缓导致系统压力异常。这种回路在卸荷状态下具有很高的控制压力，能使液压系统在卸荷状态下实现保压，有效减少了系统的功率匹配，极大地降低了系统的功率损失和发热。

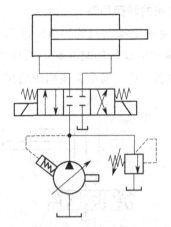

图 7-9 限压式变量泵卸荷回路

(5) 利用卸荷阀的卸荷回路

如图 7-10 所示为用蓄能器保持系统压力而用卸荷阀使泵卸荷的回路。当电磁铁 1YA 得电时，泵和蓄能器同时向液压缸左腔供油，推动活塞右移，接触工件后，系统压力升高。当系统压力升高到卸荷阀 1 的调定值时，卸荷阀打开，液压泵通过卸荷阀卸荷，而系统压力用蓄能器保持。若蓄能器压力降低到允许的最小值时，卸荷阀关闭，液压泵重新向蓄能器和液压缸供油，以保证液压缸左腔的压力是在允许的范围内。图中的溢流阀 2 是当安全阀用。

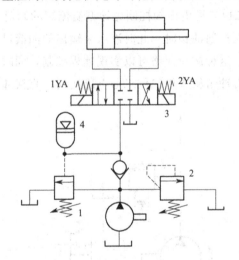

图 7-10 利用卸荷阀的卸荷回路

1—外控式顺序阀；2—溢流阀；3—换向阀；4—蓄能器

7.1.3 减压回路

减压回路的功能在于使系统某一支路上具有低于系统压力的稳定工作压力。如在机床的工件夹紧、导轨润滑及液压系统的控制油路中常需用减压回路。

减压回路的基本构成是定量泵、溢流阀、减压阀和液压缸。如图 7-11 所示是最常见的减压回路，在所需低压的分支路上串接一个减压 2 阀，减压并保持恒定。回路中的单向阀 3 用于防止当主油路压力由于某种原因低于减压阀的调定值时，使液压缸 4 的压力受干扰而突然降低，能短时保压。

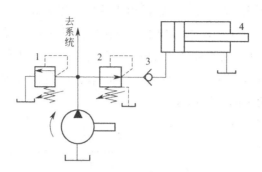

图 7-11　常见的减压回路

1—溢流阀；2—减压阀；3—单向阀；4—液压缸

要使减压阀能稳定工作，其最低调整压力应高于 0.5MPa，最高调整压力应至少比系统压力低 0.5MPa。由于减压阀工作时存在阀口压力损失和泄漏口的容积损失，因此这种回路不宜在需要压力降低很多或流量较大的场合使用。

如图 7-12 所示为采用先导式减压阀的多级减压回路，整个系统压力由溢流阀 5 调定，先导式减压阀 1 用于减小它所在低压支路的压力，当电磁换向阀 3 的左位接入时，低压支路的压力由先导式减压阀 1 调定；当电磁换向阀 3 的右位接入时，低压支路的压力由溢流阀 2。这样，通过控制电磁换向阀 3 的电磁铁通断电，可以使低压支路获得两种不同的调定压力。

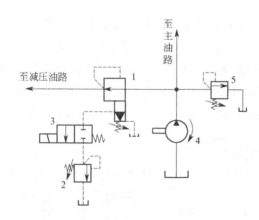

图 7-12　采用先导式减压阀的多级减压回路

1—先导式减压阀；2，5—溢流阀；3—电磁换向阀；4—液压泵

减压回路也可以采用比例减压阀来实现无级减压。

7.1.4　增压回路

当液压系统需要更高压力等级的油源时，可以通过增压回路等方法实现这一要求。增压回路用来使系统中某一支路获得比系统压力更高的压力油源，增压回路中实现油液压力放大的主要元件是增压缸，增压缸的增压比取决于增压缸大、小活塞的面积之比。

(1) 单作用增压回路

如图 7-13 所示是单作用增压回路，它适用于单向作用力大、行程小、作业时间短的场合，如制动器、离合器等。其工作原理如下：当换向阀处于右位时，增压缸 1 输出压力为 $p_2 = p_1 A_1 / A_2$ 的压力油进入工作缸 2；当换向阀处于左位时，工作缸 2 靠弹簧力回程，高位油箱 3 的油液在大气压力作用下经油管顶开单向阀向增压缸 1 右腔补油。采用这种增压方式液压缸不能获得连续稳定的高压油源。

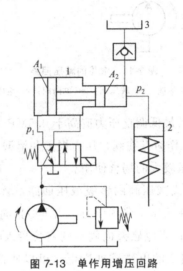

图 7-13　单作用增压回路

(2) 双作用增压回路

如图 7-14 所示是双作用增压回路，它能连续输出高压油，适用于增压行程要求较长的场合。当工作缸 4 向左运动遇到较大负载时，系统压力升高，油液经顺序阀 1 进入双作用增压缸 2，双作用增压缸 2 活塞无论向左或向右运动，均能输出高压油，只要换向阀 3 不断切换，双作用增压缸 2 就不断往复运动，高压油就连续经单向阀 7 或 8 进入工作缸 4 右腔，此时单向阀 5 或 6 有效地隔开了高低压油路。工作缸 4 向右运动时增压回路不起作用。

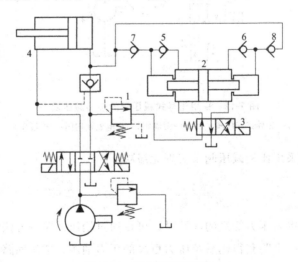

图 7-14　双作用增压回路

7.1.5 平衡回路

平衡回路的功能在于使液压执行元件的回油路上始终保持一定的背压力,以平衡执行机构重力负载对液压执行元件的作用力,使之不会因自重而自行下滑。常见的平衡回路有以下几种。

(1)采用单向顺序阀的平衡回路

如图 7-15 所示是采用单向顺序阀的平衡回路,调整顺序阀,使其开启压力与液压缸下腔作用面积的乘积稍大于垂直运动部件的重力。当活塞下行时,由于回油路上存在一定的背压来支承重力负载,只有在活塞的上部具有一定压力时活塞才会平稳下落;当换向阀处于中位时,活塞停止运动,不再继续下行。此处的顺序阀又被称作平衡阀。在这种平衡回路中,顺序阀调整压力调定后,若工作负载变小,则泵的压力需要增加,将使系统的功率损失增大。由于滑阀结构的顺序阀和换向阀存在内泄漏,使活塞很难长时间稳定停在任意位置,故这种回路适用于工作负载固定且液压缸活塞锁定定位要求不高的场合。

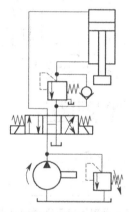

图 7-15　采用单向顺序阀的平衡回路

(2)采用液控单向阀的平衡回路

如图 7-16 所示为采用液控单向阀的平衡回路。由于液控单向阀 1 为锥面密封结构,其闭锁性能好,因此能够保证活塞较长时间在停止位置处不动。在回油路上串联单向节流阀

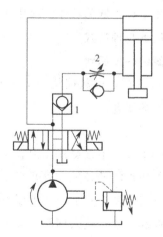

图 7-16　采用液控单向阀的平衡回路

2，用于保证活塞下行运动的平稳性。假如回油路上没有串联单向节流阀2，活塞下行时液控单向阀1被进油路上的控制油打开，回油腔因没有背压，运动部件由于自重而加速下降，造成液压缸上腔供油不足而压力降低，使液控单向阀1因控制油路降压而关闭，加速下降的活塞突然停止；单向节流阀1关闭后控制油路又重新建立起压力，单向节流阀1再次被打开，活塞再次加速下降，这样不断重复，由于液控单向阀时开时闭，使活塞一路抖动向下运动，会产生强烈的噪声、振动和冲击。

（3）采用远控平衡阀的平衡回路

在工程机械液压系统中常采用图7-17所示的远控平衡阀的平衡回路。这种远控平衡阀是一种特殊阀口结构的外控顺序阀，它不但具有很好的密封性，能起到对活塞长时间的锁闭定位作用，而且阀口开口大小能自动适应不同载荷对背压压力的要求，保证了活塞下降速度的稳定性不受载荷变化影响。这种远控平衡阀又称为限速锁。

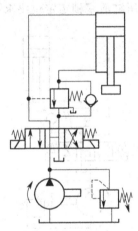

图7-17 采用远控平衡阀的平衡回路

7.1.6 保压回路

保压回路的功能在于使系统在液压缸加载不动或因工件变形而产生微小位移的工况下能保持稳定不变的压力，并且使液压泵处于卸荷状态。保压性能的两个主要指标为保压时间和压力稳定性。常用的保压回路有以下几种形式。

（1）采用单向阀或液控单向阀的保压回路

采用密封性能较好的单向阀或液控单向阀能构成保压回路，参见图7-11。它适用于保压时间短、对保压稳定性要求不高的场合。

（2）自动补油保压回路

如图7-18所示是采用液控单向阀3、电接触式压力表4的自动补油保压回路，它利用了液控单向阀结构简单并具有一定保压性能的长处，避开了直接用泵供油保压而大量消耗功率的缺点。当换向阀2右位接入回路时活塞下降加压，当压力上升到压力表4上限触点调定压力时，压力表发出电信号，使换向阀2中位接入回路，泵1卸荷，液压缸由液控单向阀3保压；当压力下降至压力表4下限触点调定压力时，压力表发出电信号，使换向阀2右位接入

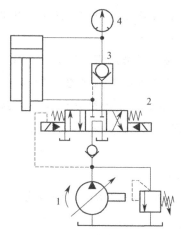

图 7-18　自动补油的保压回路

回路，泵 1 又向液压缸供油，使压力回升。这种回路保压时间长，压力稳定性高，液压泵基本处于卸荷状态，系统功率损失小。

（3）采用辅助泵或蓄能器的保压回路

如图 7-19 所示，在回路中可增设一台小流量高压泵 5。当液压缸加压完毕要求保压时，由压力继电器 4 发送信号，使换向阀 2 中位接入回路，主泵 1 实现卸荷；同时二位二通换向阀 3 处于左位，由高压辅助泵 5 向封闭的保压系统供油，维持系统压力稳定。由于辅助泵只需补偿系统的泄漏量，可选用微小流量泵，尽量减少系统的功率损失。辅助泵 5 的压力由溢流阀 7 确定，回路中 6 为节流阀，其阀口开度按系统泄漏量的大小调节。如果用蓄能器来代替辅助泵 5 也可以达到上述目的。

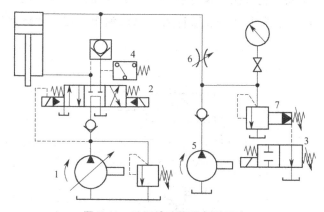

图 7-19　采用辅助泵的保压回路

7.2　速度控制回路

7.2.1　调速回路

从液压马达的工作原理可知，液压马达的转速 n_m 由输入流量 q 和液压马达的排量 V_m

决定，即 $n_m = q/V_m$；液压缸的运动速度 v 由输入流量 q 和液压缸的有效作用面积 A 决定，即 $v = q/A$。

通过上面的关系可以知道，要想调节液压马达的转速 n_m 或液压缸的运动速度 v，可通过改变输入流量 q、改变液压马达的排量 V 和改变缸的有效作用面积 A 等方法来实现。由于液压缸的有效面积 A 是定值，只有改变流量 q 的大小来调速，而改变输入流量 q，可以通过采用流量阀或变量泵来实现，改变液压马达的排量 V_m，可通过采用变量液压马达来实现。

调速回路主要有以下三种形式。

① 节流调速回路：由定量泵供油，用流量阀调节进入或流出执行机构的流量来实现调速。

② 容积调速回路：用调节变量泵或变量马达的排量来调速。

③ 容积节流调速回路：用限压变量泵供油，由流量阀调节进入执行机构的流量，并使变量泵的流量与调节阀的调节流量相适应来实现调速。

(1) 节流调速回路

节流调速回路是由定量泵、溢流阀和流量阀组成的调速回路，其基本原理是通过调节流量阀的通流截面积大小来改变进入执行机构的流量，从而实现运动速度的调节。

节流调速回路有不同的分类方法。按流量阀在回路中位置的不同，可分为进油节流调速回路、出油节流调速回路、进出油节流调速回路和旁路节流调速回路。按流量阀的类型不同可分为普通节流阀式节流调速回路和调速阀式节流调速回路。按定量泵输出的压力是否随负载变化，又可分为定压式节流调速回路和变压式节流调速回路等。

① 进油节流调速回路。将节流阀串联在液压泵和液压缸之间，用它来控制进入液压缸的流量达到调速目的，定量泵多余油液通过溢流阀回油箱，这种回路称为进油节流调速回路，如图 7-20 所示。

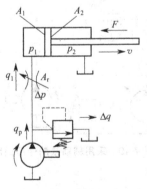

图 7-20 进油节流调速回路

a. 速度负载特性。在图 7-20 所示的进油节流调速回路中，q_p 为泵的输出流量，q_1 为流经节流阀进入液压缸的流量，Δq 为溢流阀的溢流量，p_1 和 p_2 为液压缸无杆腔和有杆腔的工作压力，p_p 为泵的出口压力即溢流阀调定压力，A_1 和 A_2 为液压缸两腔作用面积，A_T 为节流阀的通流面积，F 为负载力。

当不考虑回路中各处的泄漏和油液的压缩时，活塞运动速度为

$$v = \frac{q_1}{A_1} \tag{7-1}$$

活塞受力平衡方程为

$$p_1 A_1 = p_2 A_2 + F \tag{7-2}$$

由于液压缸回油腔与油箱相通，$p_2 = 0$，于是

$$p_1 = \frac{F}{A_1} \tag{7-3}$$

进油路上通过节流阀的流量方程为

$$q_1 = C A_T (\Delta p)^\varphi = C A_T (p_p - p_1)^\varphi = C A_T \left(p_p - \frac{F}{A_1} \right)^\varphi \tag{7-4}$$

于是

$$v = \frac{q_1}{A_1} = \frac{C A_T}{A_1^{1+\varphi}} (p_p A_1 - F)^\varphi \tag{7-5}$$

式中，C 为流量系数；A_T 为节流阀的开口面积；Δp 为节流阀前后的压差；φ 为节流阀的指数。

式(7-5) 即为进油节流调速回路的速度负载特性方程，它描述了执行元件的速度 v 与负载 F 和节流阀的开口面积 A_T 之间的关系。如以 v 为纵坐标，F 为横坐标，按节流阀不同的通流面积 A_T 作图，可得一组抛物线，称为进油路节流调速回路的速度负载特性曲线，如图 7-21 所示。

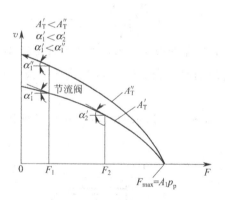

图 7-21　速度-负载特性曲线

可知：v 与 A_T、F 有关。当 A_T 一定时，F 上升可使 v 下降；同样的 F，A_T 上升可使 v 上升。

b. 速度刚性。当节流阀的通流面积一定时，活塞速度随负载变化的程度不同，表现出速度抗负载作用的能力也不同，这种特性称为回路的速度刚性，可以用图 7-21 中曲线的斜率来表示，即

$$k_v = -\frac{\partial F}{\partial V} = -\frac{1}{\tan \alpha} \tag{7-6}$$

即

$$k_{\rm v} = -\frac{\partial F}{\partial V} = \frac{A_1^{1+\varphi}}{CA_{\rm T1}(p_{\rm p}A_1-F)^{\varphi-1}\varphi} = \frac{p_{\rm p}A_1-F}{\varphi v} \tag{7-7}$$

由式(7-7) 可以看到，当节流阀通流面积 $A_{\rm T}$ 一定时，负载 F 越小，回路的速度刚性 $k_{\rm v}$ 越大；当负载 F 一定时，活塞速度越低，速度刚性越大。增大 $p_{\rm p}$ 和 A_1 可以提高回路的速度刚性 $k_{\rm v}$。所以，这种调速回路适用于低速轻载的场合。

c. 最大承载能力。当负载 $F=0$ 时，活塞的运动速度为空载速度，该点为速度负载特性曲线与纵坐标的交点，当阀的通流面积 $A_{\rm T}$ 变化时，该点在纵坐标上相应变化。无论节流阀通流面积 $A_{\rm T}$ 怎么变化，当负载 F 由 0 变化到 $F=p_{\rm p}A_1$，节流阀进出口压差为零时，活塞的运动速度 $v=0$，此时液压泵的流量全部经溢流阀流回油箱。当节流阀前后的压力差为零，即 $p_1=p_{\rm p}$，且 $p_2=0$，此时液压缸的速度为零，该回路的最大承载能力为

$$F_{\max} = p_{\rm p}A_1 \tag{7-8}$$

尽管节流阀有不同的通流面积 $A_{\rm T}$，但其速度负载特性曲线均交于图 7-21 的 $F_{\max}$ 点。

d. 功率和效率。在图 7-21 所示的回路中，液压泵输出功率 $P_{\rm p}=p_{\rm p}q_{\rm p}=$ 常量，液压缸输出的有效功率 $P_1=Fv=Fq_1/A_1=p_1q_1$，式中 q_1 为负载流量，即进入液压缸的流量。回路的功率损失为

$$\Delta P = P_{\rm p}-P_1 = p_{\rm p}q_{\rm p}-p_1q_1 = p_{\rm p}(q_1+\Delta q)-(p_{\rm p}-\Delta p)q_1 = p_{\rm p}\Delta q+\Delta pq_1 \tag{7-9}$$

回路的功率损失由两部分组成，溢流损失 $\Delta P_1=p_{\rm p}\Delta q$ 和节流损失 $\Delta P_2=\Delta pq_1$，回路的输出功率与输入功率之比定义为回路效率。

$$\eta = \frac{P_{\rm p}-\Delta P}{P_{\rm p}} = \frac{p_1q_1}{p_{\rm p}q_{\rm p}} \tag{7-10}$$

由于存在两种功率损失，回路的效率较低，尤其是在低速小负载情况下，效率更低，并且此时的功率损失主要是溢流功率损失 ΔP_1，这些功率损失会造成液压系统发热，引起系统油温升高。

② 回油节流调速回路。对图 7-22 所示的回油节流调速回路，采用与进油路节流调速回路同样的方法进行相关分析。

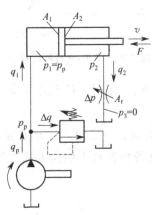

图 7-22　回油节流调速回路

a. 速度负载特性。液压缸活塞运动速度

$$v = \frac{q_2}{A_2} \tag{7-11}$$

流经节流阀的流量

$$q_2 = CA_T \Delta p^\varphi = CA_T(p_2 - 0)^\varphi = CA_T p_2{}^\varphi \tag{7-12}$$

液压缸活塞的受力平衡方程

$$p_p A_1 = p_2 A_2 + F \tag{7-13}$$

速度负载特性方程

$$v = \frac{q_2}{A_2} = \frac{CA_T(p_p A_1 - F)^\varphi}{A_2^{1+\varphi}} \tag{7-14}$$

b. 最大承载能力。活塞运动速度 $v = 0$ 时，液压泵的流量全部经溢流阀溢回油箱，流经节流阀的流量 $q_2 = 0$，节流阀前后的压差为零，液压缸有杆腔的背压为零，所有回路的最大承载负载仍为

$$F_{max} = p_p A_1 \tag{7-15}$$

其与进油节流调速回路最大承载负载能力完全相同。

c. 速度刚性 k_v。

$$k_v = -\frac{\partial F}{\partial V} = -\frac{1}{\tan\alpha} = \frac{p_p A_1 - F}{\varphi v} \tag{7-16}$$

回油节流调速回路与进油节流调速回路有相似的速度负载特性和速度刚性，其中最大承载能力 F_{max} 相同。

d. 功率特性。液压泵输出功率 $P_p = p_p q_p =$ 常量。

液压缸输出的有效功率

$$P_1 = Fv = (p_p A_1 - p_2 A_2)v = \left(p_p - p_2 \frac{A_2}{A_1}\right)q_1 \tag{7-17}$$

回路的功率损失

$$\Delta P = P_p - P_1 = p_p q_p - \left(p_p - p_2 \frac{A_2}{A_1}\right)q_1 = p_p \Delta q + p_2 q_2 \tag{7-18}$$

回路的效率

$$\eta = \frac{P_p - \Delta P}{P_p} = \frac{p_1 q_1}{p_p q_p} = \frac{\left(P_p - P_2 \frac{A_2}{A_1}\right)}{p_p q_p} \tag{7-19}$$

由此看出，式(7-19) 与进油节流调速回路的回路效率表达式相同。

综上分析，进油与回油节流调速回路的性能差异有以下几点。

a. 承受负值负载的能力：回油节流调速回路的节流阀使液压缸回油腔形成一定的背压，在负值负载时，背压能阻止工作部件的前冲，而进油节流调速由于回油腔没有背压力，因而不能在负值负载下工作。

b. 停车后的启动性能：长期停车后液压缸油腔内的油液会流回油箱，当液压泵重新向液压缸供油时，在回油节流调速回路中，由于进油路上没有节流阀控制流量，会使活塞前

冲；而在进油节流调速回路中，由于进油路上有节流阀控制流量，故活塞前冲很小，甚至没有前冲。

c. 实现压力控制的方便性：进油节流调速回路中，进油腔的压力将随负载而变化，当工作部件碰到死挡铁而停止后，其压力将升到溢流阀的调定压力，利用这一压力变化来实现压力控制是很方便的；但在回油节流调速回路中，只有回油腔的压力才会随负载而变化，当工作部件碰到死挡铁后，其压力将降至零，虽然也可以利用这一压力变化来实现压力控制，但其可靠性差，一般均不采用。

d. 发热及泄漏的影响：在进油节流调速回路中，经过节流阀发热后的液压油将直接进入液压缸的进油腔；而在回油节流调速回路中，经过节流阀发热后的液压油将直接流回油箱冷却。因此，发热和泄漏对进油节流调速的影响均大于对回油节流调速的影响。

e. 运动平稳性：在回油节流调速回路中，由于有背压力存在，它可以起到阻尼作用，同时空气也不易渗入，而在进油节流调速回路中则没有背压力存在，因此，可以认为回油节流调速回路的运动平稳性好一些。但是，从另一个方面讲，在使用单杆液压缸的场合，无杆腔的进油量大于有杆腔的回油量。故在缸径、缸速均相同的情况下，进油节流调速回路的节流阀通流面积较大，低速时不易堵塞。因此，进油节流调速回路能获得更低的稳定速度。

为了提高回路的综合性能，一般常采用进油节流调速，并在回油路上加背压阀的回路，使其兼具两者的优点。

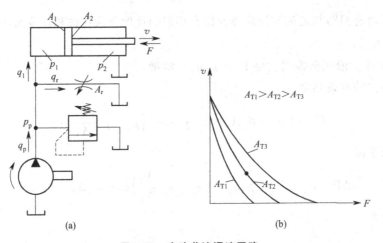

图 7-23 旁路节流调速回路

③ 旁路节流调速回路。旁路节流调速回路如图 7-23 所示，这种节流调速回路节流阀装在液压缸并联支路上，从定量泵输出的流量 q_p，一部分（q_T）通过节流阀流回油箱，一部分（q_1）直接进入液压缸，使得活塞获得一定的运动速度。调节节流阀的通流面积 A_T，可调节 q_T 的大小，这样间接控制了进入液压缸的流量 q_1，从而实现调速。由于溢流阀直接与液压缸和定量泵并联，液压缸负载的变化将直接影响到溢流阀的进口压力，故正常工作时溢流阀处于关闭状态，溢流阀在回路中作安全阀用，其调定压力为最大负载压力的 $1.1 \sim 1.2$ 倍，只有在回路过载时，溢流阀才开启溢流。液压泵的供油压力 p_p 将随负载压力变化，不是一个定值，因此这种调速回路也称为变压节流调速回路。

a. 速度负载特性。如图 7-23(a) 所示，其推导方法与前面进、出油路节流调速回路的方法相同，可得旁路节流调速回路的速度负载特性方程为

$$v = \frac{q_1}{A_1} = \frac{q_t - \Delta q_p - \Delta q}{A_1} = \frac{V_p n - k_1 \left(\dfrac{F}{A_1}\right) - CA_T \left(\dfrac{F}{A_1}\right)^{\varphi}}{A_1} \tag{7-20}$$

式中，q_t 为定量泵的理论流量；k_1 为泵的泄漏系数。

b. 速度刚性。

$$k_v = -\frac{\partial F}{\partial V} = \frac{A_1 F}{\varphi(q_t - A_1 v) + (1 - \varphi)k_1\left(\dfrac{F}{A_1}\right)} \tag{7-21}$$

根据式(7-20)，选取不同的节流阀通流面积 A_T，可作出一组速度-负载特性曲线，如图 7-23(b) 所示。由式(7-20)、式(7-21) 和图 7-23(b) 可看出，当节流阀通流面积一定而负载增加时速度显著下降，负载越大，速度刚性越大；当负载一定时，节流阀通流面积 A_T 越小，速度刚性越大。这与前两种调速回路正好相反。当负载变化时会引起泵的泄漏量变化，对泵的实际输出流量产生直接影响，导致回路的速度负载特性较前两种回路要差。

c. 功率特性。液压泵的输出功率

$$P_p = p_p q_p = p_1 q_p$$

负载压力

$$p_1 = \frac{F}{A_1}$$

液压缸的输出功率

$$P_1 = Fv = p_1 A_1 v = p_1 q_1$$

回路功率损失

$$\Delta P = P_p - P_1 = p_1 q_p - p_1 q_1 = p_1 \Delta q \tag{7-22}$$

回路效率

$$\eta = \frac{P_p - \Delta P}{P_p} = \frac{p_1 q_1}{p_1 q_p} = \frac{q_1}{q_p} \tag{7-23}$$

由式(7-22) 可以看出，旁路节流调速回路只有节流损失，没有溢流损失，因而其功率损失比前两种调速回路小，效率高。

综上所述，旁路节流调速的效率较快，调速范围较小，速度负载特性较差，这种调速回路一般用于功率较大、速度较快、调速范围不大、对速度稳定性要求不高的场合。

三种节流调速回路特性比较见表 7-1。

表 7-1 三种节流调速回路特性比较

特性	调速方式		
	进口节流	出口节流	旁路节流
回路的主要参数	p_1、Δp、q_1 均随负载 F 变化，$p_p =$ 常数，$p_2 \approx 0$	p_2、Δp、q_2 均随负载 F 变化，$p_1 = p_p =$ 常数	p_p、p_1、Δp 均随负载 F 变化，$p_1 = p_p$，$p_2 \approx 0$

特性	调速方式		
	进口节流	出口节流	旁路节流
速度负载特性及运动平稳性	速度负载特性较差,平稳性较差。不能在负值负载下工作	速度负载特性较差,平稳性较好。可以在负值负载下工作	速度负载特性差,平稳性差。不能在负值负载下工作
负载能力	最大负载由溢流阀所调定的压力来决定,属于恒转矩(恒牵引力)调速		最大负载随节流阀开口增大而减小,低速承载能力差
调速范围	较大,传动比可达100		由于低速稳定性差,故调速范围较小
功率消耗	功率消耗与负载、速度无关,低速、轻载时功率消耗较大,效率低,发热大		功率消耗与负载成正比。效率较高,发热小
发热及泄漏的影响	油通过节流孔发热后进入液压缸,影响液压缸泄漏,从而影响液压缸速度	油通过节流孔后回油箱冷却,对泵、缸泄漏影响较小,因而对缸速度影响较小	泵、缸及阀的泄漏都影响速度
其他	①停车后启动冲击小②便于实现压力控制	①停车后启动有冲击②压力控制不方便	①停车后启动有冲击②便于实现压力控制

④ 改善节流调速性能的回路。采用节流阀的节流调速回路速度刚性差,主要是由于负载力的变化会造成节流阀前后压差的变化,即使节流阀通流面积 A_T 没有变化,也会引起通过节流阀的流量发生变化。在负载变化较大而又要求速度稳定时,这种调速回路无法满足要求。此外,回路为手动开环控制,无法实现随机调节。为改善节流调速回路的性能,可选用以下回路。

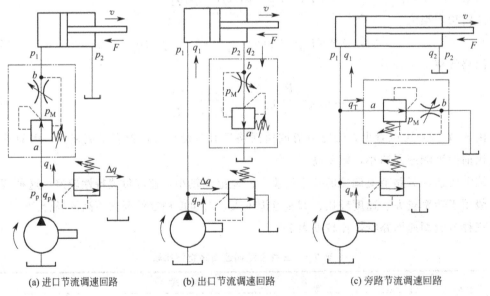

(a) 进口节流调速回路 (b) 出口节流调速回路 (c) 旁路节流调速回路

图 7-24 用调速阀的节流调速回路

a. 采用调速阀的调速回路。如果在节流调速回路中用调速阀代替节流阀,回路的性能将大为提高。在三种采用节流阀的节流调速回路中,在它们对应的节流阀处置换成调速阀,就变成了采用调速阀的进油、回油和旁路节流三种节流调速回路，如图 7-24 所示，它们的回路构成、工作原理同它们各自对应的节流阀调速回路基本一样。

由于调速阀能在负载变化引起调速阀进出口压力差变化的情况下，保证调速阀中节流阀节流口两端的压差基本不变，如果此刻不改变调速阀开度大小，负载的变化对通过调速阀的流量几乎没有影响，因而回路的速度-负载特性有了显著改善。与普通节流阀一样，调速阀仍为手动调节，不能在回路工作时实现随机调节。

b. 采用旁通型调速阀的调速回路。旁通型调速阀只能用于进油节流调速回路中，如图 7-25 所示，液压泵的供油压力随负载而变化，因此回路的功率损失较小，效率较采用调速阀时高。旁通型调速阀的流量稳定性较调速阀差，在小流量时更为明显，故不宜用在对低速稳定性要求较高的精密机床调速系统中。与调速阀一样，旁通型调速阀也不能实现随机调节。

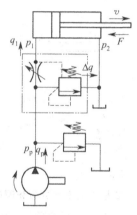

图 7-25　采用旁通型调速阀的调速回路

c. 采用电液比例流量阀的调速回路。采用电液比例流量阀替代普通流量阀调速，由于电液比例流量阀能始终保证阀芯输出位移与输入电信号成正比，因此较普通流量阀有更好的位移调节特性和抗负载干扰能力，回路的速度稳定性更高。电液比例流量阀还可以方便地改变输入电信号的大小，适时地调节流量，实现自动且远程调速。若检测被控元件的运动速度并转换为电信号，再反馈回来与输入电液比例流量阀的电信号相比较，构成回路的闭环控制，则速度控制精度更可以大大提高。

(2) 容积调速回路

通过改变液压泵或液压马达排量，使液压泵的全部流量直接进入执行元件来调节执行元件运动速度的回路，称为容积调速回路。根据液压泵与液压马达（缸）的组合不同，容积调速回路分为变量泵—定量马达（缸）调速回路、定量泵—变量马达调速回路、变量泵—定量马达调速回路三种形式。

由于容积调速回路中没有流量控制元件，回路工作时液压泵与执行元件（马达或缸）的流量完全匹配，因此这种回路没有溢流损失和节流损失，回路的效率高，发热少，适用于大功率液压系统。

容积调速回路按其油路循环方式不同，可分为开式回路和闭式回路两种形式。回路工作时，液压泵从油箱中吸油，经过回路工作以后的热油流回油箱，使热油在油箱中停留一段时间，达到降温、沉淀杂质、分离气泡的目的，这种油路结构称为开式回路。开式回路的结构简单、散热性能较好，但回路的结构相对较松散，空气和脏物容易侵入系统，会影响系统的工作。回路工作时，管路中的绝大部分油液在系统中被循环使用，只有少量的液压油通过补油液压泵从油箱中吸油进入系统中，实现系统油液的降温、补油，这种油路结构称为闭式回路。闭式回路的结构紧凑、回路的封闭性能好，但回路的散热性能较差，并要配有专门的补油装置进行泄漏补偿。

① 变量泵-液压缸式容积调速回路。如图 7-26 所示为变量泵-液压缸式容积调速回路，回路正常工作时溢流阀处于关闭状态，作安全阀用。工作时泵 1 的出口压力由负载 F 决定，当负载不变时泵输出的推力不变，与活塞速度的快慢无关，因此这种调速回路称为恒推力调速回路。

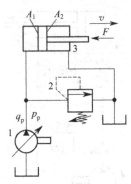

图 7-26　变量泵-液压缸式容积调速回路

1—单向变量泵；2—溢流阀；3—液压缸

泵-缸式容积调速回路的活塞运动速度为

$$v=\frac{q_p}{A_1}=\frac{q_t-k_1\dfrac{F}{A_1}}{A_1} \tag{7-24}$$

式中，q_t 为变量泵的理论流量；k_1 为变量泵的泄漏系数。

将式(7-24) 按不同的 q_t 值作图，可得到一组平行直线，即回路的速度负载特性曲线，如图 7-27 所示，其中 v、F 为液压缸输出的速度和推力。由图 7-27 可见，在泵的流量一定的情况下，由于泵泄漏量的影响，活塞运动速度会随负载的增大而减小。当负载增加到一定

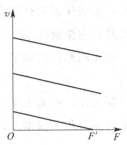

图 7-27　变量泵-液压缸式容积调速回路特性曲线

值时，在低速下会出现活塞停止运动的现象，这时变量泵的理论流量等于其泄漏量。可见，低速时回路承载性能较差。

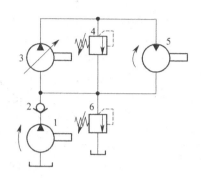

图 7-28　变量泵-定量马达式调速回路

1—单向定量泵；2—单向阀；3—单向变量泵；

4，6—溢流阀；5—单向定量马达

② 变量泵-定量马达式容积调速回路。如图 7-28 所示为变量泵-定量马达式容积调速回路。回路中高压管路上溢流阀 4 作为安全阀使用，防止回路过载；低压管路上并联一个低压小流量的辅助泵 1，用来补充变量泵 3 和定量马达 5 的泄漏量，辅助泵的供油压力由低压溢流阀 6 调定；辅助泵 1 与溢流阀 6 使回路的低压管路始终保持一定压力，不仅改善了主泵的吸油条件，而且可置换部分发热油液，降低系统温升。

回路中液压泵 3 的转速 n_p 和液压马达 5 的排量 V_m 为常量，改变泵 3 的排量 V_p 可使马达转速 n_m 和输出功率 P_m 成比例变化。马达输出转矩 T_m 和回路的工作压力 Δp 取决于负载转矩，当负载不变对马达 5 的转速进行调节时，马达 5 输出的转矩不会因调速而发生变化，所以这种回路称为恒转矩调速回路，回路特性曲线如图 7-29 所示。这种回路的调速范围取决于变量泵的流量调节范围，调速范围宽。

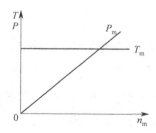

图 7-29　变量泵-定量马达式调速回路特性曲线

③ 定量泵-变量马达闭式容积调速回路。如图 7-30(a) 所示为定量泵-变量马达组成的闭式容积调速回路。定量泵 1 的输出流量不变，改变变量马达 3 的排量 V_m 可使马达转速 n_m 变化。溢流阀 2 作为安全阀使用，防止回路过载；泵 4 是补油泵，用来补充泵 1 和马达 3 的泄漏量，泵 4 的供油压力低由溢流阀 5 调定。

在这种调速回路中，由于液压泵的转速和排量均为常值，当负载功率恒定时，定量泵和变量马达输出功率 P_P、P_m 以及回路工作压力 Δp 都恒定不变，而马达的输出转矩 T_m 与马

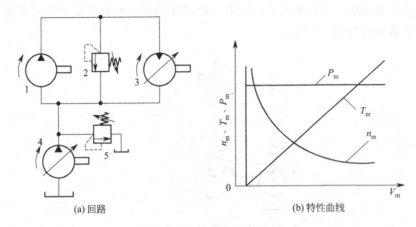

图 7-30 定量泵-变量马达调速回路
1—单向定量泵；2—安全阀；3—单向变量马达；4—液压泵；5—溢流阀

达的排量 V_m 成正比，输出转速 n_m 与排量 V_m 成反比。所以这种回路称为恒功率调速回路，其调速特性如图 7-30（b）所示。

这种回路调速范围很小，不能用来使马达实现平稳的反向调速，一般很少单独使用。

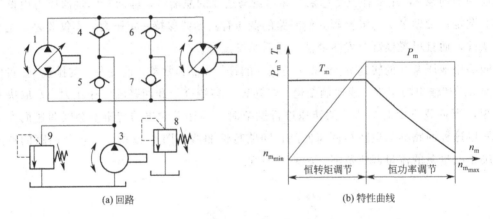

图 7-31 变量泵-变量马达调速回路
1—双向变量泵；2—双向变量马达；3—单向定量泵；4～7—单向阀；8，9—溢流阀

④ 变量泵-变量马达式容积调速回路。如图 7-31（a）所示为双向变量泵-双向变量马达容积调速回路。这种调速回路是上述两种调速回路的组合。由于泵和马达的排量均可改变，故增大了调速范围，并扩大了液压马达输出转矩和功率的选择余地。回路中各元件对称布置，变换泵的供油方向，即实现马达正反向旋转。单向阀 4 和 5 用于辅助泵 3 双向补油，单向阀 6 和 7 使溢流阀 8 在两个方向都起过载保护作用。一般工作部件都在低速时要求有较大的转矩，高速时能提供较大的输出功率，采用这种回路恰好可以达到这个要求。在低速段调速时，先将马达排量调至最大 $V_{m_{max}}$，用变量泵进行调速，当泵的排量由最小 $V_{p_{min}}$ 逐渐变大，直至变到最大 $V_{p_{max}}$，马达转速随之逐渐升高，回路的输出功率也随之线性增加；此时，因马达排量处在最大值，马达能获得最大输出转矩，当负载不变时，回路处于恒转矩调速状态。在高速段调速时，泵为最大排量 $V_{p_{max}}$，将变量马达的排量由大逐步调小，使马达转速

继续升高，但马达输出的转矩逐渐降低；此时，因泵处于最大输出功率状态不变，故马达处于恒功率状态。

这种回路的特性曲线如图 7-31(b) 所示，回路的调速范围较大，是变量泵和变量马达调速范围的乘积，其传动比一般可以达到 100。

（3）容积节流调速回路

容积节流调速回路的基本工作原理是采用压力补偿型变量泵供油，用流量控制阀调节进入或流出液压缸的流量来调节其运动速度，并使变量泵的输油量自动与液压缸所需流量相适应。因此它同时具有节流调速和容积调速回路的共同优点。这种调速回路工作时只有节流损失，回路的效率较高；回路的调速性能取决于流量阀的调速性能，与变量泵泄漏无关，因此回路的低速稳定性比容积调速回路好。

常用的容积节流调速回路有：限压式变量泵与调速阀等组成的容积节流调速回路；变压式变量泵与节流阀等组成的容积调速回路。

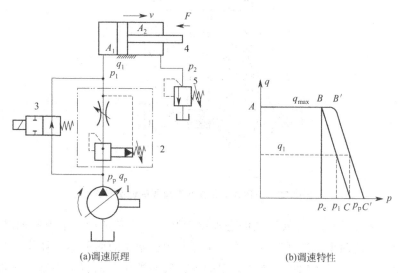

(a)调速原理　　　　　　(b)调速特性

图 7-32　限压式变量泵与调速阀的容积节流调速回路

① 限压式变量泵与调速阀的容积节流调速回路。如图 7-32 所示为限压式变量泵与调速阀组成的容积节流调速回路。在图示位置，液压缸 4 活塞快速向右运动，泵 1 按快速运动要求调节其输出流量 q_{max}，同时调节限压式变量泵的压力调节螺钉，使泵的限定压力 p_c 大于快速运动所需压力 [图 7-32(b) 中 AB 段]。当换向阀 3 通电时，泵输出的压力油经调速阀 2 进入液压缸 4，其回油经背压阀 5 回油箱。调节调速阀 2 的流量 q_1 就可调节活塞的运动速度 v，由于 $q_1 < q_p$，压力油迫使泵的出口与调速阀进口之间的油压升高，即泵的供油压力升高，泵的流量便自动减小到 $q_p \approx q_1$ 为止。

这种调速回路的运动稳定性、速度负载特性、承载能力和调速范围均与采用调速阀的节流调速回路相同。图 7-32(b) 所示为其调速特性，由图可知，此回路只有节流损失而无溢流损失。

泵的输油压力 p_p 调得低一些，回路效率就可高一些，但为了保证调速阀的正常工作压差，泵的压力应比负载压力 p_1 至少大 $5\times10^5\mathrm{Pa}$。当此回路用于"死挡铁停留"、压力继电器发信号实现快退时，泵的压力还应调高些，以保证压力继电器可靠发信号，故此时的实际工作特性曲线如图 7-32(b) 中 $AB'C'$ 所示。此外，当 p_c 不变时，负载越小，p_1 便越小，回路效率越低。

限压式变量泵与调速阀等组成的容积节流调速回路，具有效率较高、调速较稳定、结构较简单等优点。目前已广泛应用于负载变化不大的中、小功率组合机床的液压系统中。

② 变压式变量泵与节流阀等组成的容积节流调速回路。变压式容积节流调速回路采用差压式变量叶片泵供油，通过节流阀来确定进入液压缸或自液压缸流出的流量，不但使变量泵输出的流量与液压缸所需流量自相适应，而且液压泵出口的工作压力能自动跟随负载压力的增减而增减，因此这种回路也称为变压式容积节流调速回路。

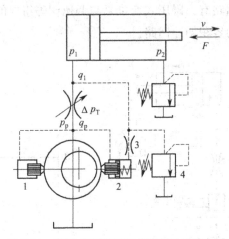

图 7-33　差压式变量泵和节流阀的调速回路

该回路如图 7-33 所示，在液压缸的进油路上装有一个节流阀，节流阀两端的压差反馈作用在变量叶片泵的两个控制活塞（柱塞）上。其中柱塞 1 的面积 A_1 和活塞 2 的活塞杆面积相等。因此变量泵定子的偏心距大小，受到节流阀两端压差的直接控制。回路中溢流阀 4 为安全阀，固定阻尼孔 3 用于防止定子移动过快引起的振荡，以提高变量时的动态特性。改变节流阀开度大小，就可以控制进入液压缸的流量 q_1，并使泵的输出流量 q_p 自动与 q_1 相适应。若 $q_p>q_1$，泵的供油压力 q_p 将上升，泵的定子在控制活塞的作用下右移，减小偏心距，使 q_p 减小至 $q_p\approx q_1$；反之，若 $q_p<q_1$，泵的供油压力 q_p 将下降，引起定子左移，加大偏心距，使 q_p 增大至 $q_p\approx q_1$。

这种调速回路，特别适用于负载变化较大、对速度负载特性要求较高的场合。

7.2.2　快速运动回路

快速运动回路的功用在于使液压执行元件在获得尽可能大的工作速度的同时，能够使液压系统的输出功率尽可能小，实现系统功率的合理匹配。常见的快速运动回路有差动连接式、双泵供油式、充液增速式和蓄能器式等类型。

（1）液压缸差动连接快速运动回路

如图 7-34 所示，回路由定量泵、溢流阀、二位三通换向阀和单杆液压缸组成。换向阀处于右位时，液压缸有杆腔的回油流量和液压泵输出的流量合在一起共同进入液压缸无杆腔，使活塞快速向右运动。这种回路结构简单，应用较多，但由于液压缸的结构限制，液压缸的速度加快有限，有时不能满足快速运动的要求，常常需要和其他方法联合使用。

（2）双泵供油快速运动回路

如图 7-35 所示，在回路中用低压大流量泵 1 和高压小流量泵 2 组成的双联泵作动力源；外控顺序阀 3 和溢流阀 5 分别设定双泵供油及小流量泵 2 供油时系统的最高工作压力。当换向阀 6 处于图示位置时，由于空载时负载很小、系统压力很低，如果系统压力低于卸荷阀 3 调定压力时，阀 3 处于关闭状态，低压大流量泵 1 的输出流量顶开单向阀 4，与泵 2 的流量汇合实现两个泵同时向系统供油，活塞快速向右运动，此时尽管回路的流量很大，但由于负载很小，回路的压力很低，所以回路输出的功率并不大；当换向阀 6 处于右位时，由于节流阀 7 的节流作用，造成系统压力达到卸荷阀 3 的调定压力，使阀三打开，导致大流量泵 1 经过阀 3 卸荷，单向阀 4 自动关闭，将泵 2 与泵 1 隔离，只有小流量泵 1 向系统供油，活塞慢速向右运动，溢流阀 5 处于溢流状态，保持系统压力基本不变，此时只有高压小流量泵 2 在工作。大流量泵 1 卸荷，减少了动力消耗，回路效率较高。采用双泵供油的快速运动回路在回路获得很高速度的同时，回路输出的功率较小，使液压系统功率匹配合理。

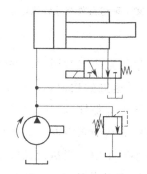

图 7-34 液压缸差动连接快速运动回路

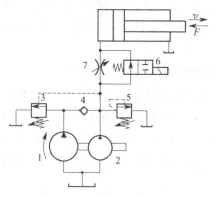

图 7-35 双泵供油快速运动回路

（3）自重充液快速运动回路

如图 7-36 所示，当手动换向阀 1 右位接入回路时，由于运动部件的自重作用，使活塞快速下降，其下降速度由单向节流阀 2 控制。此时因液压泵供油不足，液压缸上腔将会出现负压，此时，安置在机器设备顶部的充液油箱 4 在油液自重和大气压力的作用下，通过液控单向阀（充液阀）3 向液压缸上腔补油；当运动部件接触到工件造成负载增加时，液压缸上腔压力升高，充液阀 3 关闭，此时只靠液压泵供油，使活塞运动速度降低。回程时，换向阀 1 左位接入回路，压力油进入液压缸下腔，同时打开充液阀 3，液压缸上腔低压回油进入充液油箱 4。为防止活塞快速下降时液压缸上腔吸油不充分，充液油箱常被充压油箱代替，实现强制充液。这种回路用于垂直运动部件重量较大的液压机系统。

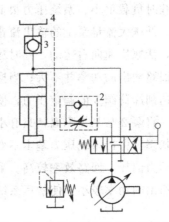

图 7-36　采用自重充液快速运动回路

（4）增速缸快速运动回路

对于在机器设备中卧式放置的液压缸不能利用运动部件自重充液做快速运动，可采用增速缸的方案。如图 7-37 所示是采用增速缸的快速运动回路。增速缸由活塞缸与柱塞缸复合而成。当换向阀左位接入回路时，压力油经柱塞中间的孔进入增速缸小腔 1，推动活塞快速向右移动，大腔 2 所需油液由充液阀 3 从油箱吸取，活塞缸右腔的油液经换向阀回油箱，即快速运动时液压泵的全部流量进入小腔 1 中。当执行元件接触到工件造成负载增加时，回路压力升高，使顺序阀 4 开启，高压油关闭充液阀 3，并进入增速缸大腔 2，活塞转换成慢速运动，且推力增大，即慢速运动时液压泵的流量同时进入复合缸的大腔 2 和小腔 1 中。当换向阀右位接入回路，压力油进入活塞缸右腔，同时打开充液阀 3，大腔 2 的回油排回油箱，活塞快速向左退回。

（5）采用蓄能器的快速运动回路

在图 7-38 所示回路中，当用流量较小的液压泵供油，而系统中短期需要大流量时，换向阀 5 处于左位或右位工作，泵 1 和蓄能器 4 共同向液压缸 6 供油，使其实现快速运动。当换向阀 5 处于中位，系统停止工作时，这时泵经单向阀 2 向蓄能器供油，蓄能器压力升高至液控顺序阀 3 的调定压力时，液控顺序阀 3 被打开，使液压泵卸荷。

7.2.3　速度换接回路

使液压执行机构在一个工作循环中从一种运动速度变换到另一种运动速度的回路，称为速度换接回路。这类回路不仅包括液压执行元件快速到慢速的换接，而且也包括两个慢速之间的换接；同时应具有较高的速度换接平稳性。

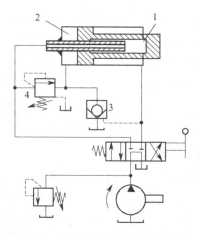

图 7-37　采用增速缸的快速运动回路

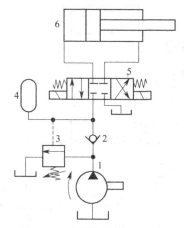

图 7-38　蓄能器快速运动回路

1—泵；2—单向阀；3—液控顺序阀；4—蓄能器；5—换向阀；6—液压缸

（1）采用行程阀的速度换接回路

采用行程阀的速度换接回路如图 7-39 所示，当换向阀处于图示位置时，节流阀不起作用，

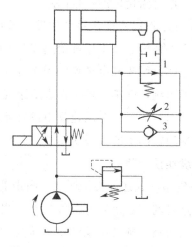

图 7-39　用行程阀的速度换接回路

液压缸活塞处于快速运动状态，当快进到预定位置时，与活塞杆刚性相连的行程挡块压下行程阀 1（二位二通机动换向阀），行程阀关闭，液压缸右腔油液必须通过节流阀 2 后才能流回油箱，回路进入回油节流调速状态，活塞运动转为慢速工进。当换向阀左位接入回路时，压力油经单向阀 3 进入液压缸右腔，使活塞快速向左返回，在返回的过程中逐步将行程阀 1 放开。这种回路速度切换过程比较平稳，冲击小，换接点位置准确，换接可靠。但受结构限制，行程阀安装位置不能任意布置，管路连接较为复杂。

（2）采用电磁阀的速度换接回路

采用电磁阀的速度换接回路如图 7-40 所示，1YA、3YA 通电时，液压缸的活塞快进，3YA 断电，活塞由快进转为工进，实现速度换接。该回路可通过行程挡块压下电气行程开关来操纵电磁换向阀，这种方式由于不需要用行程挡铁直接碰行程阀，因此电磁阀的安装灵活、油路连接方便，但速度换接的平稳性、可靠性和换接精度相对较差。

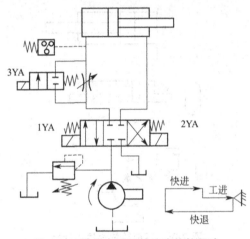

图 7-40　采用电磁阀的速度换接回路

（3）两个调速阀并联式速度换接回路

对于某些自动机床、注塑机等，需要在自动工作循环中变换两种以上的工作进给速度，这时需要采用两种（或多种）工作进给速度的换接回路。

如图 7-41 所示是两个调速阀并联式速度换接的回路。液压泵输出的压力油经调速阀 3 和电磁换向阀 5 进入液压缸。当需要第二种工作进给速度时，电磁换向阀 5 通电，其右位接入回路，液压泵输出的压力油经调速阀 4 和电磁换向阀 5 进入液压缸。这种回路中两个调速阀的节流口可以单独调节，互不影响，即第一种工作进给速度和第二种工作进给速度互相间没有什么限制。但一个调速阀工作时，另一个调速阀中没有油液通过，它的减压阀则处于完全打开的位置，在速度换接开始的瞬间不能起减压作用，容易出现部件突然前冲的现象。

（4）两个调速阀串联式速度换接回路

如图 7-42 所示是两个调速阀串联式速度换接回路。图中液压泵输出的压力油经调速阀 3 和电磁换向阀 5 进入液压缸，这时的流量由调速阀 3 控制。当需要第二种工作进给速度时，电磁换向阀 5 通电，其右位接入回路，则液压泵输出的压力油先经调速阀 3，再经调速阀 4 进入液压缸，这时的流量应由调速阀 4 控制，所以这种回路中调速阀 4 的节流口应调得比调

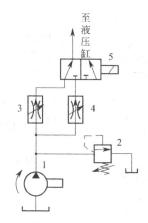

图 7-41 两个调速阀并联式速度换接回路

1—泵；2—溢流阀；3，4—调速阀；5—电磁换向阀

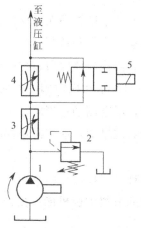

图 7-42 两个调速阀串联式速度换接回路

1—泵；2—溢流阀；3，4—调速阀；5—电磁换向阀

速阀3小，否则调速阀4速度换接回路将不起作用。这种回路在工作时调速阀3一直工作，它限制着进入液压缸或调速阀4的流量，因此在速度换接时不会使液压缸产生前冲现象，换接平稳性较好。在调速阀4工作时，油液需经两个调速阀，故能量损失较大。

7.3 方向控制回路

通过控制进入执行元件液流的通、断或变向来实现液压系统执行元件的启动、停止或改变运动方向的回路称为方向控制回路。

常用的方向控制回路有换向回路、制动回路和锁紧回路。

7.3.1 换向回路

液压系统中执行元件运动方向的变换一般由换向阀实现，根据执行元件换向的要求，可采用二位（或三位）四通（或五通）控制阀，控制方式可以是人力、机械、电动、液动和电液动等。

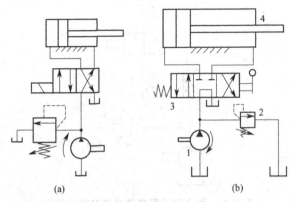

图 7-43　采用换向阀的换向回路

（1）采用换向阀的换向回路

图 7-43（a）所示的是采用二位四通电磁换向阀的换向回路。当电磁铁通电时，压力油进入液压缸左腔，推动活塞杆向右移动；当电磁铁断电时，弹簧力使阀芯复位，压力油进入液压缸右腔，推动活塞杆向左移动。此回路只能停留在缸的两端，不能停留在任意位置上。

图 7-43（b）所示的是采用三位四通手动换向阀的换向回路。当阀处于中位时，M 型滑阀机能使泵卸荷，缸两腔油路封闭，活塞制动；当阀左位工作时，液压缸左腔进油，活塞向右移动；当阀右位工作时，液压缸右腔进油，活塞向左移动。此回路可以使执行元件在任意位置停止运动。

二位换向阀只能使执行元件实现正、反向换向运动；三位换向阀除了能够实现正、反向换向运动外，还有中位机能，不同的滑阀中位机能可使系统获得不同的控制特性，如锁紧、卸荷、浮动等。

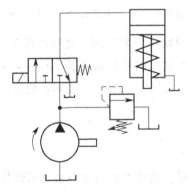

图 7-44　单作用缸换向回路

对于利用重力或弹簧力回程的单作用液压缸，用二位三通阀就可使其换向，如图 7-44 所示。

采用电磁阀换向最为方便，但电磁阀动作快、换向有冲击、换向定位精度低、换向操作力较小、可靠性相对较低，且交流电磁铁不宜作频繁切换，以免线圈烧坏；采用电液换向阀，可通过调节单向节流阀（阻尼器）来控制换向时间，其换向冲击较小，换向控制力较大，但换向定位精度低、换向时间长、不宜频繁切换；采用机动阀换向，可以通过工作机构的挡块和杠杆，直接控制换向阀换向，这样既省去了电磁阀换向的行程开关、继电器等中间环节，换向频率也不会受电磁铁的限制，换向过程平稳、准确、可靠，但机动阀必须安装在工作机构附近，且当工作机构运动速度很低时、行程挡块推动杠杆带动换向阀阀芯移至中间位置时，工作机构可能因失去动力而停止运动，出现换向死点，使执行机构停止不动，而当工作机构运动速度较高时，又可能因换向阀芯移动过快而引起换向冲击。

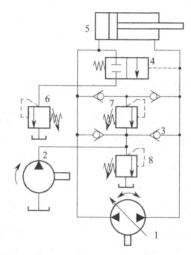

图 7-45　采用双向变量泵的换向回路

（2）采用双向变量泵的换向回路

在闭式回路中可用双向变量泵变更供油方向来直接实现液压缸（马达）换向。如图 7-45 所示，执行元件是单杆双作用液压缸 5，活塞向右运动时，其进油流量大于排油流量，双向变量泵 1 吸油侧流量不足，可用辅助泵 2 通过单向阀 3 来补充。变更双向变量泵 1 的供油方向，活塞向左运动时，排油流量大于进油流量，双向变量泵 1 吸油侧多余的油液通过液压缸 5 进油侧压力控制的二位二通阀 4 和溢流阀 6 排回油箱；溢流阀 6 和 8 既可使活塞向左或向右运动时泵吸油侧有一定的吸油压力，又可使活塞运动平稳。溢流阀 7 是防止系统过载的安全阀。这种回路适用于压力较高、流量较大的场合。

7.3.2　制动回路

制动回路的功能在于使执行元件平稳地由运动状态转换成静止状态。要求对油路中出现的异常高压和负压的情况能做出迅速反应，并应使制动时间尽可能短，冲击尽可能小。

如图 7-46（a）所示为采用溢流阀的液压缸制动回路。在液压缸两侧油路上设置反应灵敏的小型直动型溢流阀 2 和 4，换向阀切换时，活塞在溢流阀 2 或 4 的调定压力值下实现制动。如活塞向右运动换向阀突然切换时，活塞右侧油液压力由于运动部件的惯性而突然升高，当压力超过溢流阀 4 的调定压力，溢流阀 4 打开溢流，缓和管路中的液压冲击，同时液压缸左腔通过单向阀 3 补油。活塞向左运动，由溢流阀 2 和单向阀 5 起缓冲和补油作用。缓

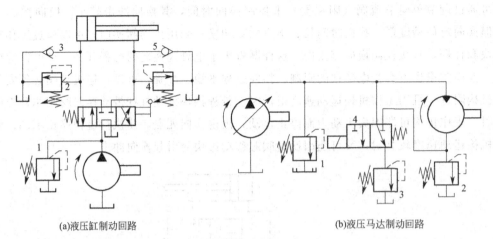

(a)液压缸制动回路　　　　　　　　　　　　(b)液压马达制动回路

图 7-46　采用溢流阀的制动回路

冲溢流阀 2 和 4 的调定压力一般比主油路溢流阀 1 的调定压力高 5%～10%。

如图 7-46（b）所示为采用溢流阀的液压马达制动回路。在液压马达的回油路上串接一个溢流阀 2。换向阀 4 电磁铁得电时，马达由泵供油而旋转，马达排油通过背压阀 3 回油箱，背压阀调定压力一般为 0.3～0.7MPa。当电磁铁失电时，切断马达回油，马达制动。由于惯性负载作用，马达将继续旋转为泵工况，马达的最大出口压力由溢流阀 2 限定，即出口压力超过溢流阀 2 的调定压力时溢流阀 2 打开溢流，缓和管路中的液压冲击。泵在背压阀 3 调定的压力下低压卸载，并在马达制动时实现有压补油，使其不致吸空。溢流阀 2 的调定压力不宜调得过高，一般等于系统的额定工作压力。溢流阀 1 为系统的安全阀。

7.3.3　锁紧回路

锁紧回路又称闭锁回路，用以实现使执行元件在任意位置上停止，并防止在受力的情况下发生移动。常用的锁紧回路有以下两种。

（1）采用三位换向阀 O 型或 M 型中位机能的锁紧回路

如图 7-47 所示为采用三位四通 O 型中位机能换向阀的锁紧回路，当两电磁铁均断电时，弹簧使阀芯处于中间位置，液压缸的两个工作油口被封闭。由于液压缸两个腔都充满油液，而油液又是不可压缩的，所以以向左或向右的外力均不能使活塞移动，活塞被双向锁紧。若采用三位四通 M 型中位机能换向阀，则具有相同的锁紧功能。不同的是前者液压泵不卸荷，并联的其他执行元件运动不受影响，后者的液压泵卸荷。

这种闭锁回路结构简单，但由于换向阀密封性差，存在泄漏，所以闭锁效果较差。

（2）采用液控单向阀的锁紧回路

如图 7-48 所示是采用液控单向阀的锁紧回路。在液压缸的进、回油路中都串接液控单向阀，活塞可以在行程的任何位置锁紧。其锁紧精度只受液压缸内少量的内泄漏影响，因此，锁紧精度较高。采用液控单向阀的锁紧回路，换向阀的中位机能应使液控单向阀的控制油液卸压（换向阀采用 H 型或 Y 型），此时，液控单向阀便立即关闭，活塞停止运动。假如采用 O 型中位机能，在换向阀中位时，由于液控单向阀的控制腔压力油被闭死而不能使其

液压基本回路 第7章

立即关闭，直至由换向阀的内泄漏使控制腔泄压后，液控单向阀才能关闭，影响其锁紧精度。

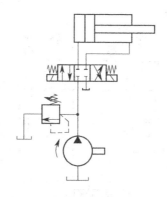

图 7-47 采用三位四通 O 型中位
机能换向阀中位机能的锁紧回路

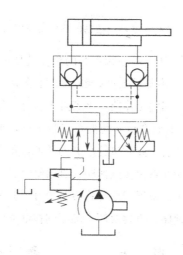

图 7-48 采用液控单向阀的锁紧回路

7.4 多缸动作控制回路

在液压系统中，如果由一个液压源给多个执行元件供油，各执行元件会因回路中压力、流量的相互影响而在动作上受到牵制。我们可以通过压力、流量、行程控制来实现多执行元件预定动作的要求，这种控制回路就称为多缸动作控制回路。

7.4.1 顺序动作回路

顺序动作回路的功用是使几个执行元件严格按照预定顺序依次动作。按控制方式不同，顺序动作回路分为压力控制和行程控制两种。

145

（1）压力控制顺序动作回路

利用液压系统工作过程中运动状态变化引起的压力变化使执行元件按顺序先后动作，这种回路就是压力控制顺序动作回路。

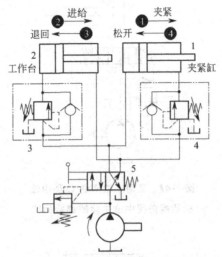

图 7-49　顺序阀控制的顺序动作回路

① 顺序阀控制的顺序动作回路。顺序阀控制的顺序动作回路如图 7-49 所示。假设机床工作时液压系统的动作顺序为：❶夹具夹紧工件；❷工作台进给；❸工作台退出；❹夹具松开工件。其控制回路的工作过程如下：回路工作前，夹紧缸 1 和进给缸 2 均处于起点位置，当换向阀 5 左位接入回路时，夹紧缸 1 的活塞向右运动使夹具夹紧工件，夹紧工件后会使回路压力升高到顺序阀 3 的调定压力，顺序阀 3 开启，此时进给缸 2 的活塞才能向右运动进行切削加工；加工完毕，通过手动或操纵装置使换向阀 5 右位接入回路，进给缸 2 活塞先退回到左端点后，引起回路压力升高，使阀 4 开启，夹紧缸 1 活塞退回原位将夹具松开，这样完成了一个完整的多缸顺序动作循环，如果要改变动作的先后顺序，就要对两个顺序阀在油路中的安装位置进行相应的调整。

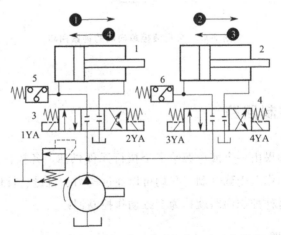

图 7-50　压力继电器控制电磁阀的顺序动作回路

② 压力继电器控制电磁阀的顺序动作回路。如图 7-50 所示是用压力继电器控制电磁的顺序动作的回路。按启动按钮，电磁铁 1YA 得电，电磁换向阀 3 的左位接入回路，实现动

作❶，缸 1 活塞前进到右端点后，回路压力升高，压力继电器 5 动作，使电磁铁 3YA 得电，电磁换向阀 4 的左位接入回路，缸 2 活塞向右运动，实现动作❷；按返回按钮，1YA、3YA 同时失电，且 4YA 得电，使阀 3 中位接入回路、阀 4 右位接入回路，导致缸 1 锁定在右端点位置、缸 2 活塞向左运动，实现动作❸；当缸 2 活塞退回原位后，回路压力升高，压力继电器 6 动作，使 2YA 得电，阀 3 右位接入回路，缸 1 活塞后退直至到起点，实现动作❹。在压力控制的顺序动作回路中，顺序阀或压力继电器的调定压力必须大于前一动作执行元件的最高工作压力的 10%～15%，否则在管路中的压力冲击或波动下会造成误动作，引起事故。这种回路只适用于系统中执行元件数目不多、负载变化不大的场合。

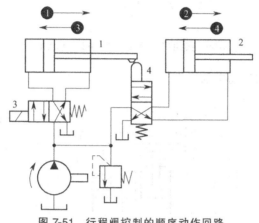

图 7-51　行程阀控制的顺序动作回路

（2）行程控制顺序动作回路

① 采用行程阀控制的多缸顺序动作回路。如图 7-51 所示是行程阀控制的顺序动作回路。图示位置两液压缸活塞均退至左端点。当电磁阀 3 左位接入回路后，缸 1 活塞先向右运动，实现动作❶，当活塞杆上的行程挡块压下行程阀 4 后，缸 2 活塞才开始向右运动，实现动作❷，直至两个缸先后到达右端点；将电磁阀 3 右位接入回路，使缸 1 活塞先向左退回，实现动作❸，在运动当中其行程挡块离开行程阀 4 后，行程阀 4 自动复位，其下位接入回路，这时缸 2 活塞才开始向左退回，实现动作❹，直至两个缸都到达左端点。这种回路动作可靠，但要改变动作顺序较为困难。

② 采用行程开关控制的顺序动作回路。如图 7-52 所示是采用行程开关控制的多缸顺序动作回路。按启动按钮，电磁铁 1YA 得电，缸 1 活塞先向右运动，实现动作❶，当活塞杆上的行程挡块压下行程开关 4 后，使电磁铁 2YA 得电，缸 2 活塞才向右运动，实现动作❷，直到压下 5，使 1YA 失电，缸 1 活塞向左退回，实现动作❸，而后压下行程开关 3，使 2YA 失电，缸 2 活塞再退回，实现动作❹。

在这种回路中，调整行程挡块位置，可调整液压缸的行程，通过电控系统可任意改变动作顺序，方便灵活，应用广泛。

7.4.2　同步回路

同步回路的功用是使系统中多个执行元件克服负载、摩擦阻力、泄漏、制造质量和结构

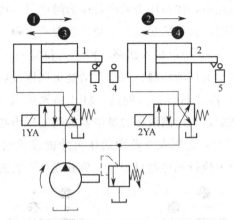

图 7-52　采用行程开关控制的顺序动作回路

变形上的差异，而保证在运动上的同步。

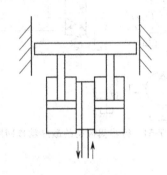

图 7-53　用机械联结的同步回路

同步运动分为速度同步和位置同步两类。速度同步是指各执行元件的运动速度相等，而位置同步是指各执行元件在运动中或停止时都保持相同的位移量。实现多缸同步动作的方式有多种，它们的控制精度和价格也相差很大，实际中应根据系统的具体要求进行合理设计。

（1）用机械联结的同步回路

这种同步回路是用刚性梁、齿轮、齿条等机械零件在两个液压缸的活塞杆间实现刚性联结以便实现位移的同步。如图 7-53 所示为用机械联结的同步回路，这种同步方法比较简单经济，能基本上保证位置同步的要求，但由于机械零件在制造和安装上的误差，同步精度不高。同时，两个液压缸的负载差异不宜过大，否则会造成卡死现象。

（2）采用调速阀的单向同步回路

如图 7-54 所示是采用调速阀的单向同步回路。在两个并联液压缸的进（回）油路上分别串接一个单向调速阀，仔细调整两个调速阀的开口大小，控制进入两液压缸或自两液压缸流出的流量，可使它们在一个方向上实现速度同步。这种回路结构简单，但调整比较麻烦，而且还受油温、泄漏等的影响，同步精度不高，不宜用于偏载或负载变化频繁的场合。

（3）带补偿装置的串联液压缸同步回路

如图 7-55 所示为带补偿装置的串联液压缸同步回路。当两缸活塞同时下行时，若缸 5 活塞先到达行程端点，则挡块压下行程开关 7，电磁铁 3YA 得电，换向阀 3 左位接入回路，

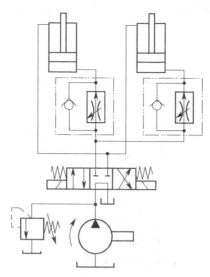

图 7-54 采用调速阀的单向同步回路

压力油经换向阀 3 和液控单向阀 4 进入缸 6 上腔，进行补油，使其活塞继续下行到达行程端点。如果缸 6 活塞先到达端点，行程开关 8 使电磁铁 4YA 得电，换向阀 3 右位接入回路，压力油进入液控单向阀 4 的控制腔，打开液控单向阀 4，缸 5 下腔与油箱接通，使其活塞继续下行到达行程端点，从而消除积累误差。

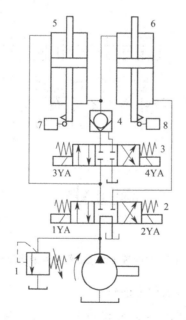

图 7-55 带补偿装置的串联缸同步回路

1—溢流阀；2，3—换向阀；4—液控单向阀；5,6—液压缸；7,8—行程开关

（4）采用同步马达的同步回路

如图 7-56 所示是采用同步马达的同步回路。用两个同轴等排量双向液压马达 3 作配油环节，输出相同流量的油液也可实现两缸双向同步，节流阀 4 用于行程端点消除两缸位置误

差。这种回路的同步精度比采用流量控制阀的同步回路高，但专用的配流元件使系统复杂、制作成本高。

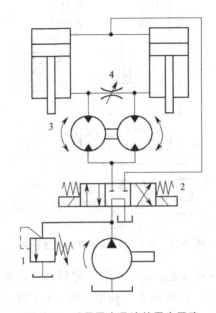

图 7-56 采用同步马达的同步回路
1—溢流阀；2—换向阀；3—双向液压马达；4—节流阀

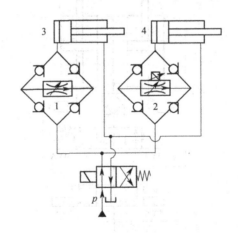

图 7-57 用电液比例调速阀控制的同步回路

(5) 用电液比例调速阀控制的同步回路

如图 7-57 所示为用电液比例调速阀实现同步运动的回路。回路中使用了一个普通调速阀 1 和一个比例调速阀 2，它们装在由多个单向阀组成的桥式回路中，并分别控制着液压缸 3 和 4 的运动。当两个活塞出现位置误差时，检测装置就会发出信号，调节比例调速阀的开度，使缸 4 活塞跟上缸 3 活塞的运动而实现同步。

这种回路的同步精度较高，位置精度可达 0.5mm，已能满足大多数工作部件所要求的同步精度。比例阀性能虽然比不上伺服阀，但费用低，系统对环境适应性强。因此，用它来实现同步控制被认为是一个新的发展方向。

（6）采用伺服阀的同步回路

当液压系统有很高的同步精度要求时，必须采用比例阀或伺服阀的同步回路。图 7-58 所示，伺服阀 A 根据两个位移传感器 B、C 的反馈信号，持续不断地调整阀口开度，控制两个液压缸的输入或输出流量，使它们获得双向同步运动。

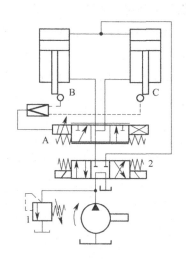

图 7-58 采用伺服阀的同步回路

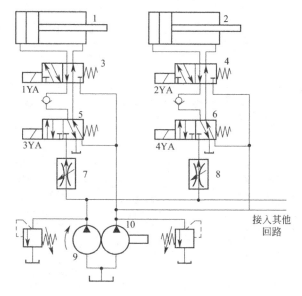

图 7-59 多缸快、慢速互不干扰回路

1，2—溢流阀；3～6—换向阀；7，8—调速阀；9—小流量泵；10—大流量泵

7.4.3 多缸动作互不干扰回路

这种回路的功用是使系统中几个执行元件在完成各自工作循环时彼此互不影响。如图

7-59 所示，是通过双泵供油来实现多缸快、慢速互不干扰的回路。液压缸 1 和 2 各自要完成"快进→工进→快退"的自动工作循环。当电磁铁 1YA、2YA 得电时，两缸均由大流量泵 10 供油，并作差动连接实现快进。如果缸 1 先完成快进动作，挡块和行程开关使电磁铁 3YA 得电，1YA 失电，大流量泵进入缸 1 的油路被切断，而改为小流量泵 9 供油，由调速阀 7 获得慢速工进，不受缸 2 快进的影响。当两缸均转为工进、都由小流量泵 9 供油后，若缸 1 先完成了工进，挡块和行程开关使电磁铁 1YA、3YA 都得电，缸 1 改由大流量泵 10 供油，使活塞快速返回。这时缸 2 仍由小流量泵 9 供油继续完成工进，不受缸 1 影响。当所有电磁铁都失电时，两缸都停止运动。

此回路采用快、慢速运动由大、小流量泵分别供油，并由相应的电磁阀进行控制的方案来保证两缸快、慢速运动互不干扰。

第8章 典型液压系统分析

液压传动技术应用领域广泛，液压系统种类繁多。由于液压系统所服务的主机的工作循环、动作特点等各不相同，相应的各液压系统的组成、作用和特点也不尽相同。以下通过对几个典型液压系统的分析，进一步熟悉各液压元件在系统中的作用和各种基本回路的组成，并掌握分析液压系统的方法和步骤。

阅读一个较为复杂的液压系统图，大致可按以下步骤进行。

① 了解设备功能对液压系统的动作要求。

② 初步浏览整个系统，了解系统中包含有哪些元件，并以各个执行元件为中心，将系统分解为若干子系统。

③ 对每一子系统进行分析，弄清楚其中含有哪些基本回路，然后根据执行元件的动作要求，参照动作循环图读懂这一子系统。

④ 根据液压系统中各执行元件间互锁、同步、防干涉等要求，分析各子系统之间的联系。

⑤ 在全面读懂系统的基础上，归纳总结整个系统有哪些特点，以加深对系统的理解。

8.1 压力机液压系统

8.1.1 主机功能及结构类型

压力机是锻压、冲压、冷挤、校直、弯曲、粉末冶金、成形、打包等加工工艺中广泛应用的压力加工机械设备。液压压力机（简称液压机）是压力机的一种类型，它通过液压系统产生很大的静压力实现对工件进行挤压、校直、冷弯等加工。液压机的结构类型有单柱式、三柱式、四柱式等形式，其中以四柱式液压机最为典型，它主要由横梁、导柱、工作台、上滑块和下滑块顶出机构等部件组成。

液压机的主要运动是上滑块机构和下滑块顶出机构的运动，上滑块机构由主液压缸（上缸）驱动，顶出机构由辅助液压缸（下缸）驱动。液压机的上滑块机构通过四个导柱导向、主缸驱动，实现上滑块机构"快速下行→慢速加压→保压延时→快速回程→原位停止"的动作循环。下缸布置在工作台中间孔内，驱动下滑块顶出机构实现"向上顶出→向下退回"或"浮动压边下行→停止→顶出"的两种动作循环。液压机液压系统以压力控制为主，系统具有高压、大流量、大功率的特点。

8.1.2 液压机液压系统工作原理

图 8-1 所示为液压机液压系统原理图，该系统采用"主、辅泵"供油方式，主泵 1 是一个高压、大流量、恒功率控制的压力反馈变量柱塞泵，远程调压阀 5 控制高压溢流阀 4 限定系统最高工作压力，其最高压力可达 32MPa。辅助泵 2 是一个低压小流量定量泵（与主泵为单轴双联结构），其作用是为电液换向阀、液动换向阀和液控单向阀的正确动作提供控制油源，辅助泵 2 的压力由低压溢流阀 3 调定。液压机工作的特点是上缸竖直放置，当上滑块组件没有接触到工件时，系统为空载高速运动；当上滑块组件接触到工件后，系统压力急剧升高，且上缸的运动速度迅速降低，直至为零，进行保压。

(1) 启动

按下启动按钮，主泵 1 和辅助泵 2 同时启动，此时系统中所有电磁铁均处于失电状态，主泵 1 输出的油经电液换向阀 6 及 21 中位流回油箱（处于卸荷状态），辅助泵 2 输出的油液经低压溢流阀 3 流回油箱，系统实现空载启动。

(2) 上液压缸快速下行

按下上缸快速下行按钮，电磁铁 1YA、5YA 得电，电液换向阀 6 换右位接入系统，控制油液经电磁换向阀 8 右位使液控单向阀 9 打开，上缸带动上滑块实现空载快速运动。此时系统的油液流动情况如下。

进油路：主泵 1→电液换向阀 6 右位→单向阀 13→上缸 16 上腔。

回油路：上缸 16 下腔→液控单向阀 9→电液换向阀 6 右位→电液换向阀 21 中位→油箱。

由于上缸竖直安放，且滑块组件的重量较大，上缸在上滑块组件自重作用下快速下降，此时主泵 1 虽处于最大流量状态，但仍不能满足上缸快速下降的流量需要，因而在上缸上腔会形成负压，上部油箱 15 的油液在一定的外部压力作用下，经液控单向阀 14（充液阀）进入上缸上腔，实现对上缸上腔的补油。

(3) 上缸慢速接近工件并加压

当上滑块组件降至一定位置时（事先调好），压下行程开关 2s 后，电磁铁 5YA 失电，阀 8 左位接入系统，使液控单向阀 9 关闭，上缸下腔油液经背压阀 10、阀 6 右位、阀 21 中位回油箱。这时，上缸上腔压力升高，充液阀 14 关闭。上缸滑块组件在泵 1 供油的压力油作用下慢速接近要压制成形的工件。当上缸滑块组件接触工件后，由于负载急剧增加，使上腔压力进一步升高，压力反馈恒功率主泵 1 的输出流量将自动减小。此时系统的油液流动情况如下。

进油路：主泵 1→电液换向阀 6 右位→单向阀 13→上缸 16 上腔。

回油路：上缸 16 下腔→背压阀 10→电液换向阀 6 右位→电液换向阀 21 中位→油箱。

(4) 保压

当上缸上腔压力达到预定值时，压力继电器 7 发出信号，使电磁铁 1YA 失电，阀 6 回中位，上缸的上、下腔封闭，由于阀 14 和 13 具有良好的密封性能，使上缸上腔实现保压，

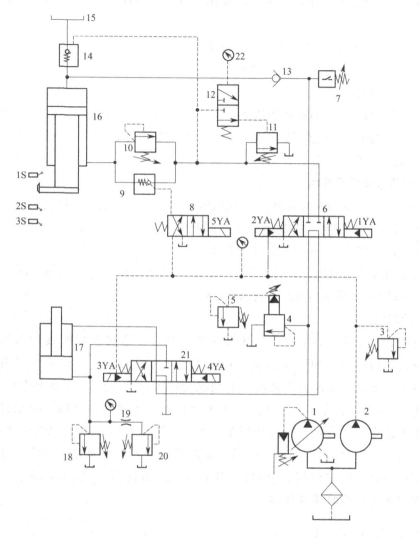

图 8-1 液压机液压系统原理图

1—主泵（单向变量泵）；2—辅助泵（单向定量泵）；3，4，18—溢流阀；5—远程调压阀；6，21—电液换向阀；
7—压力继电器；8—电磁换向阀；9—液控单向阀；10，20—背压阀；11—顺序阀；12—液控滑阀；
13—单向阀；14—充液阀；15—油箱；16—上缸；17—下缸；19—节流器；22—压力表

其保压时间由压力继电器 7 控制的时间继电器调整实现。在上腔保压期间，主泵 1 经由阀 6 和 21 的中位后卸荷。

（5）上缸上腔泄压、回程

当保压过程结束后，时间继电器发出信号，电磁铁 2YA 得电，阀 6 左位接入系统。由于上缸上腔压力很高，液动换向阀 12 上位接入系统，压力油经阀 6 左位、阀 12 上位使外控顺序阀 11 开启，此时主泵 1 输出油液经顺序阀 11 流回油箱。主泵 1 在低压下工作，由于充液阀 14 的阀芯为复合式结构，具有先卸荷再开启的功能，所以阀 14 在主泵 1 较低压力作用下，只能打开其阀芯上的卸荷针阀，使上缸上腔的很小一部分油液经充液阀 14 流回油箱 15，上腔压力逐渐降低，当该压力降到一定值后，阀 12 下位接入系统，外控顺序阀 11 关闭，主泵 1 供油压力升高，使阀 14 完全打开，此时系统的液体流动情况如下。

进油路：主泵 1→阀 6 左位→阀 9→上缸下腔。

回油路：上缸上腔→阀 14→上部油箱 15。

（6）上缸原位停止

当上缸滑块组件上升至行程挡块压下行程开关 1s 时，使电磁铁 2YA 失电，阀 6 中位接入系统，液控单向阀 9 将主缸下腔封闭，上缸在起点原位停止不动。主泵 1 输出油液经阀 6、21 中位回油箱，泵 1 卸荷。

（7）下液压缸顶出及退回

当电磁铁 3YA 得电时，换向阀 21 左位接入系统。此时的液体流动情况如下。

进油路：泵 1→阀 6 中位→阀 21 左位→下缸 17 下腔。

回油路：下缸 17 上腔→阀 21 左位→油箱。

下缸 17 活塞上升，顶出压好的工件。当电磁铁 3YA 失电，4YA 得电，阀 21 右位接入系统，下缸活塞下行，使下滑块组件退回到原位。

（8）浮动压边

有些模具工作时需要对工件进行压紧拉伸，当在压力机上用模具作薄板拉伸压边时，要求下滑块组件上升到一定位置实现上下模具的合模，使合模后的模具既保持一定的压力将工件夹紧，又能使模具随上滑块组件的下压而下降（浮动压边）。这时，阀 21 处于中位，由于上缸的压紧力远远大于下缸往上的上顶力，上缸滑块组件下压时下缸活塞被迫随之下行，下缸下腔油液经节流器 19 和背压阀 20 流回油箱，使下缸下腔保持所需的向上的压边压力。调节背压阀 20 的开启压力大小即可起到改变浮动压边力大小的作用。下缸上腔则经阀 21 中位从油箱补油。溢流阀 18 为下缸下腔安全阀，只有在下缸下腔压力过载时才起作用。

8.1.3 液压系统性能分析

由上可知，该液压系统主要由压力控制回路、换向回路、快慢速转换回路和平衡锁紧回路等组成。其主要性能特点如下。

① 系统采用高压大流量恒功率（压力补偿）柱塞变量泵供油，通过电液换向阀 6、21 的中位机能使主泵 1 空载启动，在主、辅液压缸原位停止时主泵 1 卸荷，利用系统工作过程中工作压力的变化来自动调节主泵 1 的输出流量与上缸的运动状态相适应，这样既符合液压机的工艺要求，又节省能量。

② 系统利用上滑块组件的自重实现主液压缸（上缸）快速下行，并用充液阀 14 补油，使快速运动回路结构简单，补油充分，且使用的元件少。

③ 系统采用带缓冲装置的充液阀 14、液控滑阀 12 和外控顺序阀 11 组成的泄压回路，结构简单，减小了上缸由保压转换为快速回程时的液压冲击。

④ 系统采用单向阀 13、充液阀 14 保压，并使系统卸荷的保压回路，在上缸上腔实现保压的同时实现系统卸荷，因此系统节能效率高。

⑤ 系统采用液控单向阀 9 和内控顺序阀组成的平衡锁紧回路，使上缸组件在任何位置都能够停止，且能够长时间保持在锁定的位置上。

8.2 组合机床动力滑台液压系统

8.2.1 主机功能

组合机床是由通用部件和某些专用部件所组成的高效率、自动化程度较高的专用机床。它能完成钻、镗、铣、刮端面、倒角、攻螺纹等加工及工件的转位、定位、夹紧、输送等动作。动力滑台是组合机床的一种通用部件。

8.2.2 液压系统组成及工作原理

组合机床液压动力滑台可以实现多种不同的工作循环，其中一种比较典型的工作循环是快进→一工进→二工进→死挡铁停留→快退→停止。完成这一动作循环的动力滑台液压系统工作原理图如图 8-2 所示。

系统中采用限压式变量叶片泵供油，并使液压缸差动连接以实现快速运动。由电液换向阀换向，用行程阀、液控顺序阀实现快进与工进的转换，用二位二通电磁换向阀实现一工进和二工进之间的速度换接。为保证进给的尺寸精度，采用了死挡铁停留来限位。实现工作循环的工作原理如下。

(1) 快进

按下启动按钮，三位五通电液换向阀 5 的先导电磁换向阀 1YA 得电，使之阀芯右移，左位进入工作状态，这时的主油路如下。

进油路：过滤器 1→变量泵 2→单向阀 3→管路 4→电液换向阀 5 的 P 口到 A 口→管路 10、11→行程阀 17→管路 18→液压缸 19 左腔。

回油路：液压缸 19 右腔→管路 20→电液换向阀 5 的 B 口到 T 口→油路 8→单向阀 9→油路 11→行程阀 17→管路 18→液压缸 19 左腔。

这时形成差动连接回路。因为快进时滑台的载荷较小，同时进油可以经行程阀 17 直通液压缸左腔，系统中压力较低，所以变量泵 2 输出流量大，动力滑台快速前进，实现快进。

(2) 一工进

在快进行程结束时，滑台上的挡铁压下行程阀 17，行程阀上位工作，使油路 11 和 18 断开。电磁铁 1YA 继续通电，电液换向阀 5 左位仍在工作，电磁换向阀 14 的电磁铁处于断电状态。进油路必须经调速阀 12 进入液压缸左腔，与此同时，系统压力升高，将液控顺序阀 7 打开，并关闭单向阀 9，使液压缸实现差动连接的油路切断。回油经顺序阀 7 和背压阀 6 回到油箱。这时的主油路如下。

进油路：过滤器 1→变量泵 2→单向阀 3→电液换向阀 5 的 P 口到 A 口→油路 10→调速阀 12→二位二通电磁换向阀 14→油路 18→液压缸 19 左腔。

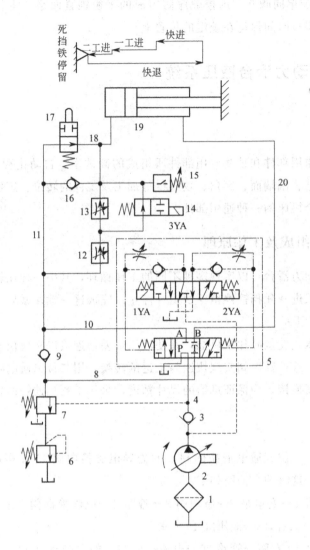

图 8-2　组合机床动力滑台液压系统原理图

1—过滤器；2—变量泵；3，9，16—单向阀；4，8，10，11，18，20—油路；5—电液换向阀；

6—背压阀；7—顺序阀；12，13—调速阀；14—电磁换向阀；15—压力继电器；17—行程阀；19—液压缸

回油路：液压缸 19 右腔→油路 20→电液换向阀 5 的 B 口到 T 口→管路 8→顺序阀 7→背压阀 6→油箱。

因为工作进给时油压升高，所以变量泵 2 的流量自动减小，动力滑台向前做第一次工作进给，进给量的大小可以用调速阀 12 调节。

（3）二工进

在第一次工作进给结束时，滑台上的挡铁压下行程开关，使电磁换向阀 14 的电磁铁 3YA 得电，电磁换向阀 14 右位接入工作，切断了该阀所在的油路，经调速阀 12 的油液必须经过调速阀 13 进入液压缸的右腔，其他油路不变。由于调速阀 13 的开口量小于调速阀 12，进给速度降低，进给量的大小可由调速阀 13 来调节。

（4）死挡铁停留

当动力滑台第二次工作进给终了碰上死挡铁后，液压缸停止不动，系统的压力进一步升高，达到压力继电器 15 的调定值时，经过时间继电器的延时，再发出电信号，使滑台退回。在时间继电器延时动作前，滑台停留在死挡块限定的位置上。

（5）快退

时间继电器发出电信号后，2YA 得电，1YA 失电，3YA 断电，电液换向阀 5 右位工作，这时的主油路如下。

进油路：过滤器 1→变量泵 2→单向阀 3→油路 4→电液换向阀 5 的 P 口到 B 口→油路 20→液压缸 19 的右腔。

回油路：液压缸 19 的左腔→油路 18→单向阀 16→油路 11→电液换向阀 5 的 A 口到 T 口→油箱。

这时系统的压力较低，变量泵 2 输出流量大，动力滑台快速退回。由于活塞杆的面积大约为活塞的一半，所以动力滑台快进、快退的速度大致相等。

（6）原位停止

当动力滑台退回到原始位置时，挡块压下行程开关，这时电磁铁 1YA～3YA 都失电，电液换向阀 5 处于中位，动力滑台停止运动，变量泵 2 输出油液的压力升高，使泵的流量自动减至最小。

表 8-1 是此液压系统的电磁铁和行程阀的动作。

表 8-1　YT4543 型组合机床动力滑台液压系统电磁铁和行程阀的动作

项目	1YA	2YA	3YA	17
快进	＋	－	－	－
一工进	＋	－	－	＋
二工进	＋	－	＋	＋
死挡铁停留	－	－	－	－
快退	－	＋	－	－
原位停止	－	－	－	－

注：表中"＋"为电磁铁通电；"－"为电磁铁断电。

8.2.3　系统特点

通过以上分析可知，为了实现自动工作循环，该液压系统应用了下列一些基本回路。

① 调速回路：采用了由限压式变量泵和调速阀的调速回路，调速阀放在进油路上，回油经过背压阀。

② 快速运动回路：应用限压式变量泵在低压时输出流量大的特点，并采用差动连接来实现快速前进。

③ 换向回路：应用电液换向阀实现换向，工作平稳、可靠，并由压力继电器与时间继电器发出的电信号控制换向信号。

④ 快速运动与工作进给的速度换接回路：采用行程换向阀实现速度的换接，换接的性

能较好。同时利用换向后，系统中的压力升高使液控顺序阀接通，系统由快速运动的差动连接转换为使回油排回油箱。

⑤ 两种工作进给的速度换接回路：采用了两个调速阀串联的回路结构。

8.3 汽车起重机液压系统

8.3.1 主机功能

汽车起重机是将起重机安装在汽车底盘上的一种起重运输设备，它主要由起升、回转、变幅、伸缩和支腿等工作机构组成，这些动作的完成由液压系统来实现。对于汽车起重机的液压系统，一般要求输出力大、动作平稳、耐冲击以及操作灵活、方便、可靠、安全。

8.3.2 液压系统工作原理

如图 8-3 所示是汽车起重机液压系统原理图，其工作原理如下。

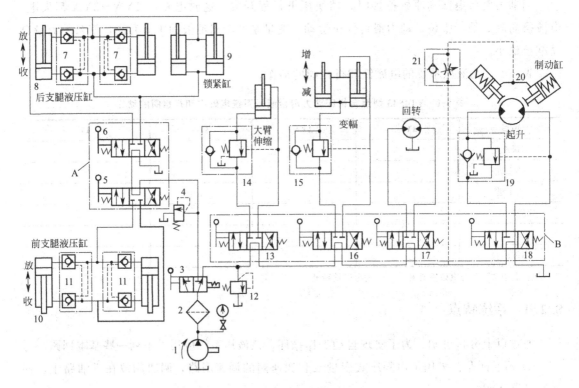

图 8-3　汽车起重机液压系统原理图

1—液压泵；2—过滤器；3—二位三通手动换向阀；4，12—溢流阀；

5，6，13，16~18—三位四通手动换向阀；7，11—液压锁；8—后支腿缸；

9—锁紧缸；10—前支腿缸；14，15，19—平衡阀；20—制动缸；21—单向节流阀

（1）支腿回路

汽车轮胎的承载能力是有限的，在起吊重物时，必须由支腿液压缸来承受负载，而使轮胎架空，这样也可以防止起吊时整机的前倾或颠覆。支腿动作的顺序：缸 9 锁紧后桥板簧，同时缸 8 放下后支腿到所需位置，再由缸 10 放下前支腿。作业结束后，先收前支腿，再收后支腿。当手动换向阀 6 右位接入工作时，后支腿放下，其油路如下。

泵 1→过滤器 2→阀 3 左位→阀 5 中位→阀 6 右位→锁紧缸下腔锁紧板簧→液压锁 7→缸 8 下腔。

回油路为缸 8 上腔→双向液压锁 7→阀 6 右位→油箱；缸 9 上腔→阀 6 右位→油箱。

回路中的双向液压锁 7 和 11 的作用是防止液压支腿在支撑过程中因泄漏出现"软腿现象"，或行走过程中支腿自行下落，或因管道破裂而发生倾斜事故。

（2）起升回路

起升机构要求所吊重物可升降或在空中停留，速度要平稳、变速要方便、冲击要小、启动转矩和制动力要大，本回路中采用 ZMD40 型柱塞液压马达带动重物升降，变速和换向是通过改变手动换向阀 18 的开口大小来实现的，用平衡阀 19 来限制重物超速下降。单作用液压缸 20 是制动缸，单向节流阀 21 的作用：一是保证液压油先进入马达，使马达产生一定的转矩，再解除制动，以防止重物带马达旋转而向下滑；二是保证吊物升降停止时，制动缸中的油马上与油箱相通，使马达迅速制动。

起升重物时，阀 18 切换至左位工作，泵 1 输出的油液经过滤器 2、阀 3 右位、阀 13、16、17 中位，阀 18 左位、阀 19 中的单向阀进入马达左腔；同时压力油经单向节流阀到制动缸 20，从而解除制动，使马达旋转。

重物下降时，手动换向阀 18 切换至右位工作，液压马达反转，回油经阀 19 的液控顺序阀，阀 18 右位回油箱。

当停止作业时，阀 18 处于中位，泵卸荷。制动缸 20 上的制动瓦在弹簧作用下使液压马达制动。

（3）大臂伸缩回路

本机大臂伸缩采用单级长液压缸驱动。工作中，改变阀 13 的开口大小和方向，即可调节大臂运动速度和使大臂伸缩。行走时，应将大臂缩回。大臂缩回时，因液压力与负载力方向一致，为防止吊臂在重力作用下自行收缩，在收缩缸的下腔回油腔安置了平衡阀 14，提高了收缩运动的可靠性。

（4）变幅回路

大臂变幅机构用于改变作业高度，要求能带载变幅，动作要平稳。本机采用两个液压缸并联，提高了变幅机构承载能力。其要求以及油路与大臂伸缩油路相同。

（5）回转油路

回转机构要求大臂能在任意方位起吊。本机采用 ZMD40 柱塞液压马达，回转速度 1～3r/min。由于惯性小，一般不设缓冲装置，操作换向阀 17，可使马达正、反转或停止。

8.3.3 液压系统的特点

汽车起重机液压系统的特点如下。

① 因重物在下降时以及大臂收缩和变幅时，负载与液压力方向相同，执行元件会失控，为此，在其回油路上必须设置平衡阀。

② 因工况作业的随机性较大且动作频繁，所以大多采用手动弹簧复位的多路换向阀来控制各动作。换向阀常用 M 型中位机能。当换向阀处于中位时，各执行元件的进油路均被切断，液压泵出口通油箱使泵卸荷，减少了功率损失。

8.4 多轴钻床液压系统

8.4.1 液压系统工作原理

如图 8-4 所示为一多轴钻床液压传动系统原理图，三个液压缸的动作顺序为夹紧液压缸下降→分度液压缸前进→分度液压缸后退→进给液压缸快速下降→进给液压缸慢速下降→进给液压缸上升→夹紧液压缸上升→停止，如此就完成了一个工作循环。

(1) 夹紧液压缸下降

按下启动按钮，3YA 通电，此时油路的进油路线为变量叶片泵 3→单向阀 6→减压阀 11→电磁阀 13 左位→夹紧液压缸上腔（无杆腔）。回油路线为夹紧液压缸下腔→电磁阀 13 左位→油箱。进回油路无任何节流设施，且夹紧液压缸下降所需工作压力低，故泵以大流量送入夹紧液压缸，夹紧液压缸快速下降。夹紧液压缸夹住工件时，其夹紧力由减压阀 11 来调定。

(2) 分度液压缸前进

夹紧液压缸将工件夹紧时并触发一个微动开关使 4YA 通电，进油路线为变量叶片泵 3→单向阀 6→减压阀 11→电磁阀 14 左位→分度液压缸右腔。回油路线为分度液压缸左腔→电磁阀 14 左位→油箱。因无任何节流设施，且分度液压缸前进时所需工作压力低，故泵以大流量送入液压缸，分度液压缸快速前进。

(3) 分度液压缸后退

分度液压缸前进碰到微动开关使 4YA 断电，分度液压缸快速后退，进油路线为变量叶片泵 3→单向阀 6→减压阀 11→电磁阀 14 右位→分度液压缸左腔。回油路线为分度缸右腔→电磁阀 14 右位→油箱。

(4) 进给液压缸快速下降

分度液压缸后退碰到微动开关使 2YA 通电，进油路线为变量叶片泵 3→单向阀 6→电磁阀 12 右位→进给液压缸上腔。回油路线为进给液压缸下腔→行程调速阀 17（行程阀右位）→液控单向阀 16→平衡阀 15→电磁阀 12 右位→油箱。在凸轮板未压到滚子时，回油没被节流，且尚未钻削，故泵工作压力 $p = 2\text{MPa}$，泵流量 $Q = 17\text{L/min}$，进给液压缸快速下降。

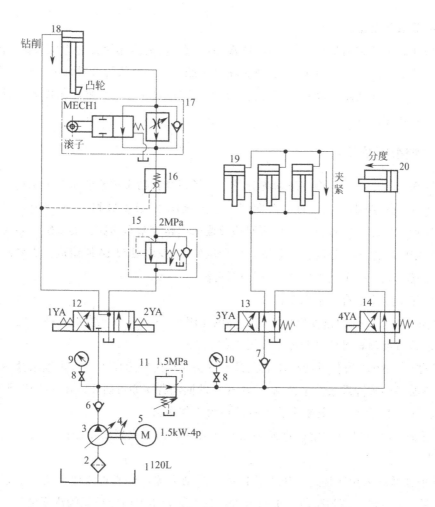

图 8-4　多轴钻床液压传动系统原理图

1—油箱；2—过滤器；3—变量叶片泵；4—联轴器；5—电动机；6，7—单向阀；8—截止阀；
9，10—压力计；11—减压阀；12～14—电磁阀；15—平衡阀；16—液控单向阀；17—行程调速阀；18～20—液压缸

（5）进给液压缸慢速下降（钻削进给）

当凸轮板压到滚子时，回油只能由调速阀流出，回油被节流，进给液压缸慢速钻削。进油路线与钻头进给缸快速下降时相同。回油路线为进给缸下腔→调速阀 17→液控单向阀 16→平衡阀 15→电磁阀 12 右位→油箱。因液压缸出口液压油被节流，且钻削阻力增大，故泵工作压力增大（$p = 4.8\text{MPa}$），泵流量下降（$Q = 1.5\text{L/min}$），所以进给液压缸慢速下降。

（6）进给液压缸上升

当钻削完成时，进给液压缸碰到微动开关，使 1YA 通电时，进油路线为变量叶片泵 3→单向阀 6→电磁阀 12 左位→平衡阀 15（走单向阀）→液控单向阀 16→行程调速阀 17（走单向阀）→进给缸下腔。回油路线为进油液压缸上腔→电磁阀 12 左位→油箱。进给缸后退时，因进油、回油路均没被节流，泵工作压力低，泵以大流量送入液压缸，故进给缸快速

上升。

（7）夹紧液压缸上升

进给液压缸上升碰到微动开关，使 3YA 断电时，进油路线为变量叶片泵 3→单向阀 6→减压阀 11→单向阀 7→电磁阀 13 右位→夹紧缸下腔。回油路线为夹紧缸上腔→电磁阀 13 右位→油箱。因进、回油路均没有节流设施，且上升时所需工作压力低，泵以大流量送入液压缸，故夹紧缸快速上升。

8.4.2　系统组成及特点

如以液压缸为中心，可将液压系统分成三个子系统：钻头进给液压缸子系统，此子系统由液压缸 18、行程调速阀 17、液控单向阀 16、平衡阀 15 及电磁阀 12 所组成，包含速度换接（二级速度）回路、锁紧回路、平衡回路及换向回路等基本回路；夹紧缸子系统，由液压缸 19 及电磁阀 18 组成；分度缸子系统，由分度缸 20 及电磁阀 14 所组成。夹紧缸子系统和分度缸子系统均只有一个基本回路——换向回路。

多轴钻床液压系统有以下几个特点。

① 钻头进给液压缸的速度换接，由行程调速阀 17 完成，故速度的变换稳定，不易产生冲击，控制位置准确，可使钻头尽量接近工件。

② 液控单向阀 16 可使进给液压缸上升到尽头时产生锁定作用，防止进给液压缸由于自重而产生不必要的下降现象。平衡阀 15 所建立的回油背压亦可防止液压缸下降现象的产生。

③ 减压阀 11 可设定夹紧缸和分度缸的最大工作压力。

④ 单向阀 7 可防止分度缸前进或进给缸下降时，由于夹紧缸上腔的压力油流失而使夹紧压力下降。

⑤ 该液压系统采用变量泵（压力补偿型）当动力源，可节省能源。此系统亦可用定量泵当动力源，但在慢速钻削阶段，轴向力大，且大部分压力油经溢流阀流回油箱，能量损失大，易造成油温上升。

8.5　机械手液压系统

8.5.1　概述

机械手液压传动系统是一种多缸多动作的典型液压系统。机械手是模仿人的手部动作，按给定程序、轨迹等要求实现自动抓取、搬运和操作的机械装置，它属于典型的机电一体化产品。在高温、高压、危险、易燃、易爆、放射性等恶劣环境，以及笨重、单调、频繁的操作中，它代替了人的工作，具有十分重要的意义。

8.5.2　液压系统工作原理

图 8-5 所示为自动上下料机械手液压系统的工作原理。该系统由单向定量泵 2 供油，溢流阀 6 调节系统压力，压力值可通过压力表 8 观察。由行程开关发信号给相应的电磁换向

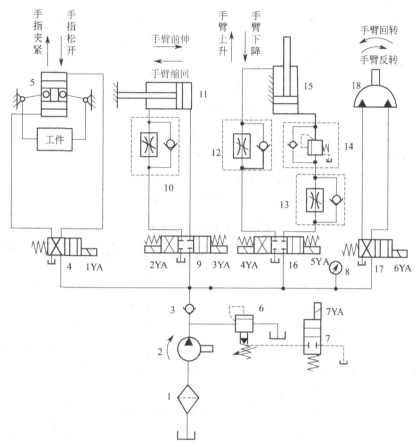

图 8-5 自动上下料机械手液压系统原理图

1—过滤器；2—单向定量泵；3—单向阀；4，17—二位四通电磁换向阀；5—无杆活塞缸；6—先导式溢流阀；

7—二位二通电磁换向阀；8—压力表；9，16—三位四通电磁换向阀；10，12，13—单向调速阀；

11，15—有杆活塞缸；14—单向顺序阀；18—叶片马达

阀，控制机械手动作。

液压机械手典型工作循环为手臂上升→手臂前伸→手指夹紧（抓料）→手臂回转→手臂下降→手指松开（卸料）→手臂缩回→手臂反转（复位）→原位停止。

机械手各部分动作具体分析如下。

① 手臂上升：三位四通电磁换向阀 16 控制手臂的升降运动，5YA（＋）→16（右位）。进油路：1→2→3→16（右位）→13→14→缸 15（下腔）。回油路：缸 15（上腔）→12→16（右位）→油箱。缸 15 活塞上升，速度由单向调速阀 12 调节，运动较平稳。

② 手臂前伸：三位四通电磁换向阀 9 控制手臂的伸缩动作，3YA（＋）→9（右位）。进油路：1→2→3→9（右位）→11（右腔）。回油路：11（左腔）→10→9（右位）→油箱，11 缸筒右移。

③ 手指夹紧：1YA（－）→4（左位）→5 上移。进油路：1→2→3→4（左位）→5（下腔）。回油路：5（上腔）→4（左位）→油箱。

④ 手臂回转：6YA（＋）→17（右位）→叶片马达18逆时针方向转动。进油路：1→2→3→17（右位）→18（右位）。回油路：18（左位）→17（右位）→油箱。

⑤ 手臂下降：4YA（＋）→16（左位）→活塞15下移。进油路：1→2→3→16（左位）→12→15（上腔）。回油路：15（下腔）→14→13→16（左位）→油箱。

⑥ 手指松开：1YA（＋）→4（右位）→活塞5下移。进油路：1→2→3→4（右位）→5（上腔）。回油路：5（下腔）→4（右位）→油箱。

⑦ 手臂缩回：2YA（＋）→9（左位）→缸11左移。

⑧ 手臂反转：6YA（-）→17（左位）→叶片马达18顺时针方向转动。

⑨ 原位停止：7YA（＋）→泵2卸荷。

在工作循环中，各电磁阀电磁铁动作顺序如表8-2所示。

表 8-2　电磁铁动作顺序

动作顺序	1YA	2YA	3YA	4YA	5YA	6YA	7YA
手臂上升	－	－	－	－	＋	－	－
手臂前伸	＋	－	＋	－	－	－	－
手指夹紧	－	－	－	－	－	－	－
手臂回转	－	－	－	－	－	＋	－
手臂下降	－	－	－	＋	－	＋	－
手指松开	＋	－	－	－	－	＋	－
手臂缩回	－	＋	－	－	－	＋	－
手臂反转	－	－	－	－	－	－	－
原位停止	－	－	－	－	－	－	＋

注："＋"为电磁铁通电；"－"为电磁铁断电。

8.5.3　系统特点

① 采用电磁换向阀换向，方便、灵活。

② 回油路节流调速，运动平稳性好。

③ 采用了单向顺序阀的平衡回路，防止手臂自行下滑或超速。

④ 失电夹紧，安全可靠。

⑤ 设置了卸荷回路，节省功率，能量利用合理。

第9章 液压系统的设计与计算

液压系统的设计是整机设计的一部分，它除了应符合主机动作循环和静、动态性能等方面的要求外，还应当满足结构简单、工作可靠、效率高、经济性好、使用维护方便等条件。

液压系统设计的步骤大致如下。

① 明确设计要求，进行工况分析。

② 初定液压系统的主要参数。

③ 拟定液压系统原理图。

④ 计算和选择液压元件。

⑤ 验算液压系统性能。

⑥ 绘制工作图和编写技术文件。

9.1 明确设计要求和进行工况分析

9.1.1 明确设计要求及工作环境

在设计液压系统时，首先应明确以下问题，并将其作为设计依据。

① 主机的用途、工艺过程、总体布局以及对液压传动装置的位置和空间尺寸的要求。

② 主机对液压系统的性能要求，如运动方式、行程、速度范围、负载条件、运动平稳性、精度、工作循环和动作周期、同步或联锁等。

③ 液压系统的工作环境，如温度、湿度、振动冲击以及是否有腐蚀性和易燃物质存在等情况。

9.1.2 工况分析

在明确设计要求的基础上，应对主机进行工况分析，工况分析包括运动分析和动力分析。

(1) 运动分析

主机执行元件按工艺要求的运动情况，可以用位移循环图和速度循环图表示，由此对运动规律进行分析。

① 位移循环图。如图 9-1 所示为液压机的液压缸位移循环图，纵坐标 L 表示活塞位移，横坐标 t 表示从活塞启动到返回原位的时间，曲线斜率表示活塞移动速度。该图清楚地表明液压机的工作循环分别由快速下行、减速下行、压制、保压、泄压慢回和快速回程六个阶段

组成。

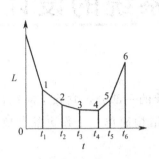

图 9-1　液压机的液压缸位移循环图

②　速度循环图。工程中液压缸的运动特点可归纳为三种类型。如图 9-2 所示为三种类型液压缸的速度循环图，第一种为实线所示，液压缸开始做匀加速运动，然后匀速运动，最后匀减速运动到终点；第二种为虚线所示，液压缸在总行程的前一半做匀加速运动，在另一半做匀减速运动，且加速度的数值相等；第三种为点划线所示，液压缸在总行程的一大半以上以较小的加速度做匀加速运动，然后匀减速至行程终点。速度循环图的三条速度曲线，不仅清楚地表明了三种类型液压缸的运动规律，也间接地表明了三种工况的动力特性。

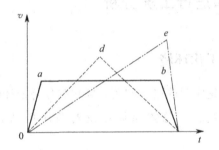

图 9-2　三种类型液压缸的速度循环图

（2）动力分析

动力分析是研究机器在工作过程中其执行机构的受力情况。对液压系统而言，就是研究液压缸或液压马达的负载情况。以液压缸为例，其承受的负载主要由六部分组成，即工作负载、导向摩擦负载、惯性负载、重力负载、密封负载和背压负载，现简述如下。

①　工作负载 F_w。不同的机器有不同的工作负载，对于起重设备来说，是起吊重物的重量；对液压机来说，压制工件的轴向变形力是工作负载。工作负载与液压缸运动方向相反时为正值，方向相同时为负值。工作负载既可以为定值，也可以为变量，其大小及性质要根据具体情况加以分析。

②　导轨摩擦负载 F_f。导轨摩擦负载是指液压缸驱动运动部件时所受的导轨摩擦阻力，其值与运动部件的导轨形式、放置情况及运动状态有关，各种形式导轨的摩擦负载计算公式可查阅有关手册。例如，机床上常用平导轨和 V 形导轨，当其水平放置时，其导轨摩擦负载计算公式如下。

平导轨

$$F_f = f(G + F_N) \tag{9-1}$$

V 形导轨

$$F_f = f \frac{G + F_N}{\sin \frac{\alpha}{2}} \tag{9-2}$$

式中，G 为运动部件的重力；F_N 为垂直于导轨的工作负载；α 为 V 形导轨的夹角；f 为摩擦系数，其值可查相关机械设计手册。

③ 惯性负载 F_a。惯性负载是运动部件在启动加速或制动减速时的惯性力，其值可按牛顿第二定律求出，即

$$F_a = ma = \frac{G}{g} \times \frac{\Delta v}{\Delta t} \tag{9-3}$$

式中，g 为重力加速度；Δt 为启动、制动或速度转换时间；Δv 为 Δt 时间内的速度变化值。

④ 重力负载 F_g。垂直或倾斜放置的运动部件，其自重也成为一种负载，倾斜放置时，只计算重力在运动方向上的分力。液压缸上行时重力取正值；反之取负值。

⑤ 密封负载 F_s。密封负载是指液压缸密封装置的摩擦力，其值与密封装置的类型、尺寸、液压缸的制造质量和油液的工作压力有关。在未完成液压系统设计之前，不知道密封装置的参数，其值无法计算，一般通过液压缸的机械效率加以考虑，常取机械效率值为 0.90～0.97。

⑥ 背压负载 F_b。背压负载是指液压缸回油腔压力所造成的阻力。在系统方案及液压缸结构尚未确定之前也无法计算，在负载计算时可暂不考虑。

液压缸各个主要工作阶段的机械负载 F 可按下列公式计算。

空载启动加速阶段

$$F = \frac{F_f + F_a + F_g}{\eta_m} \tag{9-4}$$

快速阶段

$$F = \frac{F_f \pm F_g}{\eta_m} \tag{9-5}$$

工进阶段

$$F = \frac{F_f \pm F_w \pm F_g}{\eta_m} \tag{9-6}$$

制动减速

$$F = \frac{F_f + F_w - F_a \pm F_g}{\eta_m} \tag{9-7}$$

对简单液压系统，上述计算过程可简化。例如采用单定量泵供油，只需计算工进阶段的总负载力，若简单系统采用限压式变量泵或双联泵供油，则只需计算快速阶段和工进阶段的总负载力。

若执行机构为液压马达，其负载力矩计算方法与液压缸相类似。

9.2 液压元件的计算和选择

9.2.1 执行元件的结构类型及参数确定

液压传动系统采用的执行元件结构类型，应视主机所要实现的运动种类和性质而定，参见表 9-1。

表 9-1　执行元件结构类型的选择

运动形式	往复直线运动		回转运动		往复摆动
	短行程	长行程	高速	低速	
执行元件的结构类型	活塞缸	柱塞缸 液压马达与齿轮/ 齿条或螺母/丝杠机构	高速液压马达	低速大扭矩液压马达 高速液压马达带减速器	摆动液压马达

执行元件的结构参数根据工作压力和最大流量来确定。

(1) 初选执行元件的工作压力

工作压力是确定执行元件结构参数的主要依据。它的大小影响执行元件的尺寸和成本，乃至整个系统的性能，工作压力选得高，执行元件和系统的结构紧凑，但对元件的强度、刚度及密封要求高，且要采用较高压力的液压泵；反之，如果工作压力选得低，就会增大执行元件及整个系统的尺寸，使结构变得庞大，所以应根据实际情况选取适当的工作压力。执行元件工作压力可以根据总负载值选取，见表 9-2。

表 9-2　按负载选择执行元件的工作压力

负载/kN	<10	10~20	20~30	30~50	>50
工作压力/MPa	0.8~1.2	1.5~2.5	3.0~4.0	4.0~5.0	>5.0

(2) 确定执行元件的主要结构参数

仍然以液压缸为例，需要确定的主要结构尺寸是液压缸的内径 D、活塞杆的直径 d 和缸筒长度 L。

① 缸筒内径 D。液压缸的缸筒内径 D 的确定分两种情况。如果液压缸是以驱动负载为主要目的，则缸筒直径 D 是根据已知负载的大小和选取的设计压力以及背压力进行计算；如果强调液压缸输出速度，则缸筒内径 D 应根据运动速度 v 和已知流量 q 进行计算。经过计算得到缸筒内径 D，再从标准系列中选取最近的标准值作为所设计的缸筒内径。

② 活塞杆直径 d。活塞杆直径 d 通常先从满足速度或往返速比的要求来选择，然后再校核其结构强度和稳定性。也可根据活塞杆受力状况来确定，即根据活塞杆承受拉力还是压力，以及受力的大小来确定其直径的大小。

③ 缸筒长度 L。缸筒长度 L 由最大工作行程长度加上各种结构需要来确定。缸筒的长度一般不超过其内径的 20 倍。

对有低速运动要求的系统，尚需对液压缸有效工作面积进行验算，即应保证

$$A \geqslant \frac{q_{\min}}{v_{\min}} \tag{9-8}$$

式中，A 为液压缸工作腔的有效工作面积；$q_{\min}$ 为控制执行元件速度的流量阀最小稳定流量，可从液压阀产品样本上查得；$v_{\min}$ 为液压缸要求达到的最低工作速度。

验算结果若不能满足式（9-8），则说明按所设计的结构尺寸和方案达不到所需要的最低速度，必须修改设计。

（3）验算执行元件的工作压力

当液压缸的主要尺寸 D、d 计算出来以后，要按系列标准圆整，经过圆整的标准值与计算值之间一般都存在一定的偏差，因此，有必要根据圆整值对工作压力进行一次验算。此外，在按上述方法确定工作压力的过程中，没有计算回油路的背压，因此所确定的工作压力只是执行元件为了克服机械总负载所需的那部分压力，在结构参数 D、d 确定之后，若取适当的背压估算值，即可求出执行元件工作腔的压力。

对于单杆液压缸，其工作压力 p 可按下列公式计算。

无杆腔进油工进阶段

$$p = \frac{F}{A_1} + \frac{A_2}{A_1} p_b \tag{9-9}$$

有杆腔进油阶段

$$p = \frac{F}{A_2} + \frac{A_1}{A_2} p_b \tag{9-10}$$

式中，F 为液压缸在各工作阶段的最大机械总负载；A_1、A_2 分别为液压缸无杆腔和有杆腔的有效面积；p_b 为液压缸回油路的背压，在系统设计完成之前根据设计手册取推荐值。

（4）执行元件的工况图

各执行元件的主要参数确定之后，不但可以计算执行元件在工作循环各阶段内的工作压力，还可求出需要输入的流量和功率，这时就可以作出系统中各执行元件在其工作过程中的工况图，即执行元件在一个工作循环中的压力、流量、功率对时间或位移的变化曲线图。将系统中各执行元件的工况图加以合并，便得到整个系统的工况图。液压系统的工况图可以显示整个工作循环中的系统压力、流量和功率的最大值及其分布情况，为后续设计步骤中选择元件、选择回路或修正设计提供合理的依据。

对于单执行元件系统或某些简单系统，其工况图的绘制可省略，而仅将计算出的各阶段压力、流量和功率值列表表示。

9.2.2　选择液压泵

首先根据设计要求和系统工况确定泵的类型，然后根据液压泵的最大供油量和系统工作压力来选择液压泵的规格。

（1）液压泵的最高供油压力

$$p_p \geqslant p + \sum \Delta p_l \tag{9-11}$$

式中，p 为执行元件的最高工作压力；Δp_l 为进油路上总的压力损失。

如系统在执行元件停止运动时才出现最高工作压力，则 $\sum \Delta p_1 = 0$；否则，须计算出油液流过进油路上的阀和管道的各项压力损失，初算时可凭经验进行估计，对简单系统取 $\sum \Delta p_1 = 0.2 \sim 0.5 \text{MPa}$，对复杂系统取 $\sum \Delta p_1 = 0.5 \sim 1.5 \text{MPa}$。

(2) 确定液压泵的最大供油量

液压泵的最大供油量为

$$q_p \geq k \sum q_{max} \qquad (9\text{-}12)$$

式中，k 为系统的泄漏修正系数，一般取 $k = 1.1 \sim 1.3$，大流量取小值，小流量取大值；$\sum q_{max}$ 为同时动作的各执行元件所需流量之和的最大值。

如果液压泵的供油量是按工进工况选取时，其供油量应考虑溢流阀的最小流量。

(3) 选择液压泵的规格型号

液压泵的规格型号按计算值在产品样本选取，为了使液压泵工作安全可靠，液压泵应有一定的压力储备量，通常泵的额定压力可比工作压力高 $25\% \sim 60\%$。泵的额定流量则宜与 q_p 相当，不要超过太多，以免造成过大的功率损失。

(4) 选择驱动液压泵的电动机

① 在整个工作循环中，泵的压力和流量在较多时间内皆达到最大工作值时，驱动泵的电动机功率为

$$P = \frac{p_p q_p}{\eta_p} \qquad (9\text{-}13)$$

式中，η_p 为液压泵的总效率，数值可见产品样本。

② 限压式变量叶片泵的驱动功率，可按泵的实际压力流量特性曲线拐点处的功率来计算。

③ 在工作循环中，泵的压力和流量变化较大时，可分别计算出工作循环中各个阶段所需的驱动功率，然后求其均方根值即可。

在选择电动机时，应将求得的功率值与各工作阶段的最大功率值比较，若最大功率符合电动机短时超载 25% 的范围，则按平均功率选择电动机；否则应按最大功率选择电动机。

9.2.3 选择阀类元件

各种阀类元件的规格型号，按液压系统原理图和系统工况提供的情况从产品样本中选取，各种阀的额定压力和额定流量，一般应与其工作压力和最大通过流量相接近，必要时，可允许其最大通过流量超过额定流量的 20%。

具体选择时，应注意溢流阀按液压泵的最大流量来选取；流量阀还需考虑最小稳定流量，以满足低速稳定性要求；单杆液压缸系统，若无杆腔有效作用面积为有杆腔有效作用面积的几倍，当有杆腔进油时，则回油流量为进油流量的几倍，此时，应以几倍的流量来选择阀类元件。

9.2.4 选择液压辅助元件

油管的规格尺寸大多由所连接的液压元件接口处尺寸决定，只有对一些重要的管道才验

算其内径和壁厚。过滤器、蓄能器和油箱容量的选择参见液压辅件。

对于固定式的液压设备，常将液压系统的动力源和阀类元件集中安装在主机外的液压站上，这样能使安装与维修方便，并消除了动力源的振动与油温变化对主机工作精度的影响。而阀类元件在液压站上的配置也有多种形式，配置形式不同，液压系统的压力损失和元件的连接、安装结构也有所不同。液压阀的连接方式有板式、叠加式、插装式和管式（螺纹连接、法兰连接）等多种，它们的特点和选用参见第5章。

9.3 液压系统原理图的拟定

液压系统原理图是表示液压系统的组成和工作原理的重要技术文件。拟定液压系统原理图是设计液压系统的第一步，它对系统的性能及设计方案的合理性、经济性具有决定性的影响。

（1）确定油路类型

一般具有较大空间可以存放油箱的系统，都采用开式回路。通常节流调速系统采用开式回路，容积调速系统采用闭式回路。

（2）选择液压回路

在拟定液压系统原理图时，应根据各类主机的工作特点、负载性质和性能要求，先确定对主机主要性能起决定性影响的主要回路，然后再考虑其他辅助回路。例如对于机床液压系统，调速和速度换接回路是主要回路；对于压力机液压系统，调压回路是主要回路；有垂直运动部件的系统要考虑平衡回路；惯性负载较大的系统要考虑缓冲制动回路；有多个执行元件的系统要考虑顺序动作和同步回路；有空载运行要求的系统要考虑卸荷回路等。

（3）绘制液压系统原理图

将挑选出来的各典型回路合并、整理，增加必要的元件及测压、控温等辅助回路，加以综合，构成一个完整的液压系统。绘制液压系统原理图时要注意以下事项。

① 尽量采用具有互换性的标准液压元件。

② 力求系统结构简单，工作安全可靠、动作平稳、效率高、调整和维护保养方便。

③ 有必要的安全保护措施。

④ 防止冲击、振动和噪声。

9.4 液压系统技术性能验算

液压系统初步设计完成之后，需要对它的主要性能加以验算，以便评判其设计质量，并改进和完善液压系统。由于液压系统的验算较复杂，只能采用一些简化公式近似地验算某些性能指标，如果设计中有经过生产实践考验的同类型系统供参考或有较可靠的实验结果可以采用时，可以不进行验算。

（1）系统压力损失的验算

当液压元件规格型号和管道尺寸确定之后，即可计算管路的沿程压力损失、局部压力损失，它们的计算公式详见第 2 章，管路总的压力损失为沿程损失与局部损失之和。

在系统的具体管道布置情况没有明确之前，沿程损失和局部损失仍无法计算。为了尽早地评估系统的主要性能，避免后面的设计工作出现大的反复，在系统方案初步确定之后，通常用液流通过阀类元件的局部压力损失来对管路的压力损失进行概略地估算，因为这部分损失在系统的整个压力损失中占很大的比重。

在算出系统油路的总压力损失后，将此验算值与前述设计过程中初步选取的油路压力损失经验值相比较，若误差较大，一般应对原设计进行必要的修改，重新调整有关阀类元件的规格和管道尺寸等，以降低系统的压力损失。对于较简单的液压系统，压力损失验算可以省略。

(2) 系统发热温升的验算

液压系统在工作时，有压力损失、容积损失和机械损失，这些能量损失的大部分转化为热能，使油温升高从而导致油液的黏度下降，出现油液变质、机器零件变形，影响系统正常工作。为此，必须将温升控制在许可范围内。

功率损失使系统发热，则单位时间的发热量为液压泵的输入功率与执行元件的输出功率之差，一般情况下，液压系统的工作循环往往有好几个阶段，其平均发热量为各个工作周期发热量的平均值，即

$$\phi = \frac{1}{t} \sum_{i=1}^{n} (P_{i_i} - P_{o_i}) t_i \tag{9-14}$$

式中，P_{i_i} 为第 i 个工作阶段系统的输入功率；P_{o_i} 为第 i 个工作阶段系统的输出功率；t 为工作循环周期；t_i 为第 i 个工作阶段的持续时间；n 为总的工作阶段数。

液压系统在工作中产生的热量，经过所有元件、附件的表面散发到空气中去，但绝大部分是由油箱散发的，油箱在单位时间的散发热量可按式（9-15）计算。

$$\phi' = k_h A \Delta t \tag{9-15}$$

式中，A 为油箱的散热面积；Δt 为液压系统的温升；k_h 为油箱的散热系数。

当液压系统的散热量等于发热量时，系统达到了热平衡，这时系统的温升为

$$\Delta t = \frac{\phi}{k_h A} \tag{9-16}$$

按式（9-16）算出的温升值如果超过允许数值时，系统必须采取适当的冷却措施或修改液压系统的设计。

9.5 绘制工作图和编制技术文件

所设计的液压系统经过验算后，即可对初步拟定的液压系统进行修改，并绘制工作图和编制技术文件。

(1) 绘制工作图

工作图包括液压系统原理图、液压系统装配图、液压缸等非标准元件装配图及零件图。液压系统原理图中应附有液压元件明细表，表中标明各液压元件的型号规格、压力和流量等

参数值，一般还应绘出各执行元件的工作循环图和电磁铁的动作顺序表。

液压系统装配图是液压系统的安装施工图，包括油箱装配图、集成油路装配图和管路安装图等，在管路安装图中应画出各油管的走向，固定装置结构，各种管接头的形式、规格等。

（2）编制技术文件

技术文件一般包括液压系统设计计算说明书，液压系统使用及维护技术说明书，零、部件目录表及标准件、通用件、外购件表等。

9.6　液压系统设计举例

以一台双面组合机床液压系统为例，该机床采用零件固定，刀具旋转和进给的加工方式。其加工动作循环是快进—工进—快退—停止。同时要求两个动力头能单独调整。其最大切削力在导轨中心线方向为12000N，所要移动的总重量为15000N，工作进给要求能在0.02～1.2m/min范围内进行无级调速，快速进、退速度一致，为4m/min。

9.6.1　液压系统方案设计

（1）确定对液压系统的工作要求

根据加工要求，刀具旋转由机械传动来实现；动力头沿导轨中心线方向的"快进—工进—快退—停止"工作循环拟采用液压传动方式来实现，故拟选定液压缸作执行机构。

考虑到机床进给系统传动功率不大，且要求低速稳定性好，粗加工时负载有较大变化，故拟选用调速阀、变量泵组成的容积节流调速方式。

为了自动实现上述工作循环，并保证零件一定的加工长度，拟采用行程开关及电磁换向阀实现顺序动作。

（2）拟定液压系统工作原理图

该系统同时驱动两个动力头，且工作循环完全相同。为了保证快进、快退速度相等，并减小液压泵的流量规格，采用差动连接回路。由快进转工进时采用行程阀，使速度换接平稳，且工作安全可靠。工进转快退通过行程开关和电磁换向阀实现。快进转工进后，因系统压力升高，外控式顺序阀打开，回油经背压阀回油箱，背压阀可使工进时运动平稳。因工进时系统压力升高，变量泵自动减少输出流量，能量利用合理。采用三位五通换向阀换向，两个动力头可分别进行调节，分别调节两个调速阀，可得到不同进给速度。双面组合机床液压系统原理图如图9-3所示。

9.6.2　选择液压元件

（1）液压缸的计算

① 工作负载及惯性负载计算。计算液压缸的总机械载荷，根据机构的工作情况，液压缸在不同阶段的总机械载荷可参照式(9-4)～式(9-7)计算。

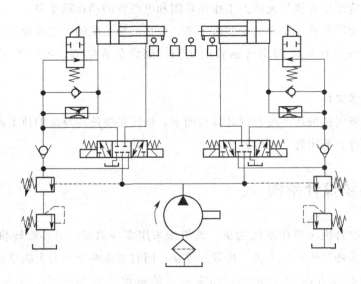

图 9-3　双面组合机床液压系统的原理图

根据题意，工作负载：$F_w = 12000\text{N}$。

液压缸所要驱动负载总重量 $G = 15000\text{N}$，选取工进时速度的最大变化量 $\Delta v = 0.02\text{m/s}$，根据具体情况选取 $\Delta t = 0.2\text{s}$（其范围通常在 $0.01 \sim 0.5\text{s}$），则惯性力为

$$F_a = \frac{G}{g} \times \frac{\Delta v}{\Delta t} = \frac{15000}{9.81} \times \frac{0.02}{0.2} = 153(\text{N})$$

② 密封阻力的计算。液压缸的密封阻力通常折算为克服密封阻力所需的等效压力乘以液压缸的进油腔的有效作用面积。若选取中压液压缸，且密封结构为 Y 形密封，根据资料推荐，等效压力取 $p_{eq} = 0.2\text{MPa}$，液压缸的进油腔的有效作用面积初估值为 $A_1 = 80\text{mm}^2$，则密封力为

启动时 $$F_s = p_{eq}A_1 = 2 \times 10^5 \times 0.008 = 1600(\text{N})$$

运动时 $$F_s = \frac{p_{eq}A_1}{2} = 2 \times 10^5 \times 0.008 \times 50\% = 800(\text{N})$$

③ 导轨摩擦阻力的计算。若该机床材料选用铸铁对铸铁，根据切削原理，一般情况下，$F_x : F_y : F_z = 1 : 0.4 : 0.3$，可知，$F_x = F_w = 12000\text{N}$，由切削力所产生的与重力方向相一致的分力 $F_z = \dfrac{12000}{0.3} = 40000\text{N}$，选取摩擦系数 $f = 0.1$，V 形导轨的夹角 $\alpha = 90°$，则导轨的摩擦力为

$$F_f = \left(\frac{G+F_z}{2}\right)f + \frac{G+F_z}{2} \times \frac{f}{\sin\dfrac{\alpha}{2}}$$

$$= \frac{15000+40000}{2} \times 0.1 + \frac{1500+4000}{2} \times \frac{0.1}{\sin 45°} = 6640(\text{N})$$

④ 回油背压造成的阻力计算。回油背压一般为 $0.3 \sim 0.5\text{MPa}$，取回油背压 $p_b = 0.3\text{MPa}$，考虑两边差动比为 2，且已知液压缸进油腔的活塞面积 $A_1 = 80\text{mm}^2$，取有杆腔活

塞面积 $A_2 = 40\mathrm{mm}^2$，将上述值代入公式得

$$F_b = p_b A_2 = 3 \times 10^5 \times 0.004 = 1200(\mathrm{N})$$

分析液压缸各工作阶段中受力情况，得知在工进阶段受力最大，作用在活塞上的总载荷为

$$F = F_w + F_a + F_s + F_f + F_b = 12000 + 153 + 800 + 6640 + 1200 = 20793(\mathrm{N})$$

⑤ 确定液压缸的结构尺寸和工作压力。根据同类型组合机床确定本系统工作压力，选取 $p = 3\mathrm{MPa}$，则工作腔的有效工作面积和活塞直径分别为

$$A_1 = \frac{F}{p} = \frac{20793}{30 \times 10^5} = 0.00693(\mathrm{m}^2)$$

$$D = \sqrt{\frac{4A_1}{\pi}} = \sqrt{\frac{4 \times 0.00693}{\pi}} = 0.094\mathrm{m}$$

因为液压缸的差动比为2，所以活塞杆直径为

$$d = \frac{D}{\sqrt{2}} = 0.7 \times 0.094 = 0.066(\mathrm{m})$$

根据液压技术行业标准，选取标准直径

$$D = 0.09\mathrm{m} = 90\mathrm{mm}$$
$$d = 0.063\mathrm{m} = 63\mathrm{mm}$$

则液压缸实际计算工作压力为 $p = \dfrac{4F}{\pi D^2} = \dfrac{4 \times 20793}{\pi \times 0.09^2} = 32.7 \times 10^5$（Pa）

实际选取的工作压力为 $p = 33 \times 10^5\mathrm{Pa}$。

由于左右两个动力头工作时需做低速进给运动，在确定液压缸活塞面积 A_1 之后，还必须按最低进绘速度验算液压缸尺寸，即应保证液压缸有效工作面积为

$$A_1 \geqslant \frac{q_{\min}}{v_{\min}}$$

式中，$q_{\min}$ 为流量阀最小稳定流量，在此取调速阀最小稳定流量为 $50\mathrm{mL/min}$；$v_{\min}$ 为活塞最低进给速度，本题给定为 $20\mathrm{mm/min}$。

根据上面确定的液压缸直径，液压缸有效工作面积为

$$A_1 = \frac{\pi}{4}D^2 = \frac{\pi}{4} \times 0.09^2 = 6.36 \times 10^{-3}(\mathrm{m}^2)$$

$$\frac{q_{\min}}{v_{\min}} = \frac{50}{2} \times 10^{-4} = 2.5 \times 10^{-3}(\mathrm{m}^2)$$

验算说明活塞面积能满足最小稳定速度要求。

(2) 液压泵及驱动电动机的选择

① 液压泵的选择。确定液压泵的实际工作压力，由压力和流量选择液压泵。对于调速阀进油节流调速系统，管路的局部压力损失一般取 $(5\sim15) \times 10^5\mathrm{Pa}$，在系统的结构布局未定之前，可用局部损失代替总的压力损失，现选取总的压力损失 $\Delta p_1 = 10 \times 10^5\mathrm{Pa}$，则液压泵的实际计算工作压力为

$$p_p = p + \Delta p_1 = 33 \times 10^5 + 10 \times 10^5 = 43 \times 10^5 (\text{Pa})$$

当液压缸左右两个动力头快进时，所需的最大流量之和为

$$q_{max} = 2 \times \frac{\pi}{4} d^2 v_{max} = 2 \times \frac{\pi}{4} \times 0.63^2 \times 40 = 25 (\text{L/min})$$

选取液压系统的泄漏系数 $k_1 = 1.1$，则液压泵的流量为

$$q_p = k_1 q_{max} = 1.1 \times 2.5 = 27.5 (\text{L/min})$$

根据求得的液压泵的流量和压力，又要求泵变量，选取 YBN-40M 型叶片泵。

② 电动机功率的选择。因该系统选用变量泵，所以应算出空载快速、最大工进时所需的功率，按两者的最大值选取电动机的功率。

最大工进时所需的流量为

$$q_{w_{max}} = \frac{\pi}{4} D^2 v_{w_{max}} = \frac{\pi}{4} \times 0.9^2 \times 12 = 7.6 (\text{L/min})$$

选取液压泵的总效率为 $\eta = 0.8$，则工进时所需的液压泵的最大功率为

$$P_w = 2 \times \frac{p_p q_{w_{max}}}{\eta} = 2 \times \frac{43 \times 10^5 \times 7.6}{60 \times 0.8} \times 10^{-6} = 1.36 (\text{kW})$$

快速空载时，液压缸承受以下载荷。

惯性力

$$F_a = \frac{G}{g} \times \frac{\Delta v}{\Delta t} = \frac{15000}{9.81} \times \frac{\frac{4}{60}}{0.2} = 510 (\text{N})$$

密封阻力

$$F_s = \frac{p_{eq}}{2} \times \frac{\pi}{4} d^2 = \frac{1}{2} \times 2 \times 10^5 \times \frac{\pi}{4} \times 0.063^2 = 155 (\text{N})$$

导轨摩擦力

$$F_f = \frac{G}{2} f + \frac{G}{2} \times \frac{f}{\sin \frac{\alpha}{2}}$$

$$= \frac{15000}{2} \times 0.1 + \frac{15000}{2} \times \frac{0.1}{\sin 45°} = 1800 (\text{N})$$

空载条件下的总负载为

$$F_e = F_a + F_s + F_f = 510 + 155 + 1800 = 2465 (\text{N})$$

选取空载快速条件下的系统压力损失 $\Delta p_{el} = 5 \times 10^5 \text{Pa}$，则空载快速条件下液压泵的输出压力为

$$p_{eq} = \frac{4 F_e}{\pi d^2} + \Delta p_{el} = \frac{4 \times 2465}{\pi \times 0.063^2} + 5 \times 10^5 = 12.9 \times 10^5 (\text{Pa})$$

空载快速时液压泵所需的最大功率为

$$P_e = \frac{p_p q_p}{\eta} = \frac{12.9 \times 10^5 \times 27.5}{60 \times 0.8} \times 10^{-6} = 0.74 (\text{kW})$$

故应按最大工进时所需功率选取电动机。

（3）选择液压阀

液压阀的规格应根据系统最高工作压力和通过该阀的最大流量，在标准元件的产品样本中选取。

方向阀：按 $p=43\times10^5$Pa，$q=12.5$L/min，选 35D-25B（中位机能 O 型）。

单向阀：按 $p=33\times10^5$Pa，$q=25$L/min，选 I -25B。

调速阀：按工进最大流量 $q=7.6$L/min，工作压力 $p=33\times10^5$Pa，选 Q-10B。

背压阀：调至 $p=33\times10^5$Pa，流量为 $q=7.6$L/min，选 B-10。

顺序阀：调至大于 $p=33\times10^5$Pa，保证快进时不打开，$q=7.6$L/min，选 X-B10B。

行程阀：按 $p=12.9\times10^5$Pa，$q=12.5$L/min，选 22C-25B。

（4）油管及其他辅助装置的选择

查 GB/T 2351—93，确定钢管公称通经、外径、壁厚、连接螺纹及推荐流量。在液压泵的出口，按流量 27.5L/min，查表取管路通径为 $\phi10$；在液压泵的入口，选择较粗的管道，选取管径为 $\phi12$；其余油管按流量 12.5L/min，查表取 $\phi8$。

对于一般低压系统，油箱的容量一般取泵流量的 3～5 倍，本题取 4 倍，其有效容积为

$$V_t=4q_p=4\times27.5=110(L)$$

在绘制液压系统装配管路图后，可进行压力损失验算。由于该液压系统较简单，该项验算从略。

由于本系统的功率小，又采用限压式变量泵，效率高，发热少，所取油箱容量又较大，故不必进行系统温升的验算。

参考文献

[1] 许福玲，陈尧明．液压与气压传动．第 3 版．北京：机械工业出版社，2007.

[2] 成大先．机械设计手册．5 版．北京：化学工业出版社，2008.

[3] 左健民．液压与气压传动．北京：机械工业出版社，2016.

[4] 路甫祥．液压气动技术手册．北京：机械工业出版社，2002.

[5] 曹建东，龚肖新．液压传动与气动技术．北京：北京大学出版社，2006.

[6] 王积伟，章宏甲，黄谊．液压传动．北京：机械工业出版社，2006.

[7] 姜继海，胡志栋，王昕．液压传动．哈尔滨：哈尔滨工业大学出版社，2015.

[8] 杨培元，朱福元．液压系统设计简明手册．北京：机械工业出版社，2003.

[9] 崔培雪．液压与气动技术．北京：机械工业出版社，2014.

[10] 沈兴全．液压传动系统设计与使用．北京：国防工业出版社，2013.

[11] 田勇，高长银．液压与气压传动技术及应用．北京：电子工业出版社，2011.

[12] 韩庆瑶．液压与气压传动．北京：中国电力出版社，2013.

[13] 宋锦春．液压与气压传动．3 版．北京：科学出版社，2014.

[14] 赵静一等．液压气动系统常见故障分析与处理．北京：化学工业出版社，2009.

[15] 刘延俊．液压系统使用与维修．北京：化学工业出版社，2006.

[16] 黄志坚．液压故障速排方法、实例与技巧．北京：化学工业出版社，2009.

[17] 李鄂民．实用液压技术一本通．北京：化学工业出版社，2009.

[18] 隋文臣．液压与气压传动．重庆：重庆大学出版社，2007.

[19] 曾忆山．液压与气压传动．合肥：合肥工业大学出版社，2008.

[20] 袁广．液压与气压传动．北京：北京大学出版社，2008.

[21] 赵波，王宏元．液压与气动技术．北京：机械工业出版社，2015.

[22] 张福臣．液压与气压传动．北京：机械工业出版社，2006.

[23] 闻邦椿．机械设计手册：流体传动与控制．5 版．北京：机械工业出版社，2010.